紫外固体激光微细加工技术

ZIWAI GUTI JIGUANG WEIXI JIAGONG JISHU

齐立涛　著

哈爾濱工業大學出版社
HITP　HARBIN INSTITUTE OF TECHNOLOGY PRESS

内 容 简 介

本书主要介绍了紫外固体激光微细加工技术的理论、方法及应用。内容包括了紫外固体激光器、紫光激光微细加工系统及检测方法、紫外激光微细加工技术的应用、激光微细加工的波长优化、紫外固体激光微细加工单晶硅和碳化硅、激光加工安全防护及标准等。

本书可供激光微细加工领域的工程技术人员、科研人员阅读,也可作为相关专业在校师生的参考书。

图书在版编目(CIP)数据

紫外固体激光微细加工技术/齐立涛著. —哈尔滨:哈尔滨工业大学出版社,2020.12(2024.6 重印)
ISBN 978 - 7 - 5603 - 9241 - 7

Ⅰ.①紫…　Ⅱ.①齐…　Ⅲ.①激光加工
Ⅳ.①TG665

中国版本图书馆 CIP 数据核字(2020)第 254206 号

策划编辑　　常　雨
责任编辑　　张　颖　李青晏
出版发行　　哈尔滨工业大学出版社
社　　址　　哈尔滨市南岗区复华四道街 10 号　邮编 150006
传　　真　　0451 - 86414749
网　　址　　http://hitpress.hit.edu.cn
印　　刷　　哈尔滨久利印刷有限公司
开　　本　　787mm×960mm　1/32　印张 6.75　字数 177 千字
版　　次　　2020 年 12 月第 1 版　2024 年 6 月第 2 次印刷
书　　号　　ISBN 978 - 7 - 5603 - 9241 - 7
定　　价　　98.00 元

前　　言

　　20 世纪以来的重大科学发现正在迅速创造全新概念的当代极端制造,同时萌生出多种制造新过程和功能全新的产品。20 世纪 60 年代发明的激光技术,被广泛应用在极端制造领域,大功率密度强激光在巨系统制造中用于大型构件的连接与裁剪,紫外波长和超快激光在微细制造中也有着广泛的应用。

　　紫外激光在激光加工方面具有较为明显的优势。紫外激光波长短、聚焦尺寸小,易获得高的尺寸精度,具有冷加工特性,加工材料范围广,可加工红外和可见激光难以加工的材料。紫外固体激光器和超快激光器相比,具有结构紧凑、长时间运行稳定性高、平均功率高、易维护、操作简便、成本低、生产率高等优点,因此在材料加工、生物工程、材料制备、微光学元件制作、集成电路板及半导体工业等激光加工领域获得了广泛的应用。

　　本书是关于紫外固体激光微细加工技术的专著,全书共 8章。第 1 章为绪论,主要介绍激光加工技术发展、激光加工用激光器及激光微细加工技术的分类及特点。第 2 章为紫外固体激光器,主要介绍激光发展简史、激光器的基本组成及分类、紫外激光器的发展历程、紫外气体和固体激光器及展望。第 3 章为紫外激光微细加工系统及检测方法,主要介绍紫外激光微细加工系统,激光束调整、传输和控制用光学元器件,光束形状变换光学系统,振镜光学扫描系统,空间光调制器,光束特性和过程监测用光学系统,以及紫外激光微细加工结构的主要检测方法。第 4 章为紫外激光微细加工技术的应用,主要介绍激光微细加工技术、紫外激光加工特点及其在微细制造领域的典型应用。第 5 章为激光微细加工的波长优化,主要介绍激光加工金属材料、半导体和绝缘体的波长优化。第 6 章为紫外固体激光微细加工单晶硅,主要介绍单晶硅对激光的波长优化及吸收、烧蚀特征和阈值、表面层裂及作用过程。第 7 章为 266 nm 紫外固体激光微细加工碳化硅,主要介绍碳化硅对激光的反射和吸收、加工实验系统、作用过程及液相爆破蚀除机制、加工质量及微结构。第 8 章为激光加工安全防护及标准,主要介绍激光的危险性及分类、激光产品的安全防护、激光防护及安全标准。

特此感谢黑龙江科技大学青年才俊项目和黑龙江省自然科学基金面上项目(E2017060)提供的资金资助。

由于作者水平有限,书中难免存在不足之处,敬请广大读者批评和指正。

作　者

2020 年 8 月

目　　录

第 1 章　绪　论

现代制造科学的重要前沿是在物质结构与运动的多层次、多尺度中发现与创造极端制造规律,探索全新概念的产品及其制造模式,已成为制造业发展的科学先导,也是我国建立具有国际核心竞争力的工业体系和国防体系的基础。

极端制造是指在极端条件下,制造极端尺度或极高功能的器件和功能系统,集中表现在微细制造、超精密制造、巨系统制造等方面。极端制造是当代制造的核心技术,是国力强盛的重要因素,是我国 21 世纪的主要强国战略。

极端制造基础研究的科学目标主要是探索下一代制造尺度与制造外场的新极端、新概念产品及其制造过程的科学依据,构造未来制造科学体系的基础,形成新世纪主流制造的先导技术原理,建立具有超前研究能力的研究平台和队伍,形成在这一战略领域的科学技术优势。

极端制造的基础科学问题主要集中在物质的深层次发掘和新功能产品的制造原理;在极小、极大尺度,极端制造外场中,探索物质演变为超常功能单元与复杂功能系统的过程规律;发现极端制造环境与极端尺度制造受体间的交互机制。

20 世纪以来的重大科学发现正在迅速创造全新概念的当代极端制造,同时萌生出多种制造新过程和功能全新的产品。20 世纪 60 年代发明的激光技术,被广泛应用在极端制造领域,大功率密度强激光在巨系统制造中用于大型构件的连接与裁剪,紫外波长和超快激光在微细制造中也有着广泛的应用。

因此,激光技术主要是为提高巨系统制造开发大功率激光器,为满足微细制造而开发波长更短的紫外激光器和脉冲宽度更窄的超快激光器。

1.1 激光加工技术的发展

激光技术起源于爱因斯坦奠定的激光理论基础。1960 年,梅曼首次研制出第一台红宝石激光器。1962～1968 年,激光有了更多的发展,几乎所有重要类型的激光器(包括半导体激光器、Nd：YAG 激光器、CO_2 激光器、染料激光器和其他气体激光器)被研制出来。1968 年之后,人们主要关注已存在的激光器在可靠性和耐用性上的设计与制造。

20 世纪 70 年代中期,性能稳定的激光器开始应用于工业领域,如激光切割、激光焊接、激光钻孔和激光打标等。20 世纪 80 年代和 20 世纪 90 年代早期,激光开始用于表面相关的应用,如激光热处理、激光熔覆、激光合金化、激光非晶化和激光薄膜沉积等。

激光是 20 世纪的伟大发明之一,它的不断发展是科学、工程和技术史上令人激动的篇章。激光作为一种能够高度聚焦且灵活的能量源,已成为极具吸引力的工具和研究仪器,在许多研究和工业领域具有潜在的应用前景。

世界上第一台激光器出现于 1960 年,但激光发明的理论基础可追溯到 1917 年爱因斯坦在研究光辐射与原子相互作用时,他提出的光的受激辐射概念,从理论上预见了激光产生的可能性。1960 年 5 月,美国修斯公司实验室的梅曼研制成功了第一台红宝石固体激光器(波长 694.30 nm)。

随后,各种类型的激光器层出不穷,激光技术得到迅速发展。1960 年 12 月,贝尔实验室的贾范等人利用高频放电激励氦氖气体,制成了世界上第一台氦氖激光器。1962 年出现了半导体激光器。1964 年帕特尔发明了第一台 CO_2 激光器。1965 年发明了第一台钇铝石榴石(YAG)激光器。1967 年第一台 X 射线激光器研制成功。1968 年开始发展高功率 CO_2 激光器。1971 年出现了第一台商用 1 kW 的 CO_2 激光器。高功率激光器的研制成功,推动了激光应用技术的迅速发展。1997 年,美国麻省理工学院的研究人员研制了第一台原子激光器。与此同时,选频、稳频、调制、调

Q、锁模等各种激光技术也相继出现。目前,已在几千种工作物质中实现了光放大或制成了激光器,如气体激光器、液体激光器、固体激光器、化学激光器、准分子激光器和半导体激光器等。我国第一台激光器由中国科学院长春光学精密研究所于 1961 年 8 月成功研制。

"激光"在英文中是 Laser,即 Light Amplification by Stimulated Emission by Radiation 的缩写,意译为"受激辐射引起的光放大",一直到 1964 年,还没有统一的、大家认同的中文名称。1964 年 10 月,钱学森致信《受激光发射译文集》(即现《国外激光》编辑部),建议称为"激光"。1964 年 12 月,在全国第三届光受激辐射学术会议上,正式采纳了钱学森的这个建议,从此,"Laser"的中文译名统一称为"激光"。

1.2　激光加工用激光器

随着激光技术的不断发展,出现了多种类型的激光,包括多种波长(从远红外到软 X 射线的整个光谱范围)、能量、时空分布和效率的激光。

用于材料加工的激光从脉冲持续时间极短、峰值功率高到连续波、具有高能量输出的激光器,表 1－1 列出了主要商业用激光器及其主要应用领域。

激光可根据工作物质的状态进行分类,根据所需激光的类型(脉宽、功率和波长),激光工作物质可以是固体、液体或气体。因此,相对应有固体激光器(含晶体、玻璃或半导体)、液体激光器和气体激光器。气体激光器可进一步细分为中性原子激光器、离子激光器、分子激光器和准分子激光器。

用于材料加工的典型商用激光器主要包括:

(1)固态晶体或玻璃激光器。如 Nd:YAG 激光器、红宝石激光器。

(2)半导体激光器。如 AlGaAs、GaAsSb 和 GaAlSb 激光器。

(3)染料或液体激光器。

（4）中性或原子气体激光器。如氦氖激光器、铜蒸气或金属蒸气激光器。

（5）离子气体激光器或离子激光器。如氩离子激光器和氪离子激光器。

（6）分子气体激光器。如 CO_2 和 CO 激光器。

（7）准分子激光器。如 XeCl 激光器、KrF 激光器等。

表 1－1　商业用激光器及其主要应用领域

激光器	发明时间	商业可购买时间	主要应用
红宝石激光器	1960 年	1963 年	计量学、医学应用、无机材料加工
钕玻璃激光器	1961 年	1968 年	距离和速度测量
半导体激光器	1962 年	1965 年	半导体材料加工、生物医学应用、激光焊接
氦－氖激光器	1962 年	—	激光笔、距离/速度测量、准直装备
CO_2 激光器	1964 年	1966 年	材料加工（激光切割/激光焊接）、原子核聚变
Nd:YAG 激光器	1964 年	1966 年	材料加工、激光焊接、分析技术
氩离子（Ar^+）激光器	1964 年	1966 年	强光光源、医疗应用、材料加工
染料激光器	1966 年	1969 年	污染检测、同位素分离、波长可调谐的科学研究
铜蒸气激光器	1966 年	1989 年	同位素分离
准分子激光器	1975 年	1976 年	医学应用、材料加工、着色
钛蓝宝石超快激光器	1982 年	—	科研、大带宽可调谐超短激光脉冲、材料加工

1.3　激光微细加工技术

激光发明后不久，人们就认识到聚焦光束可以用作去除材料的工具。激光烧蚀是由激光引起的材料去除过程。

激光微细加工技术主要用于材料表面的微纳米结构加工及表面改性、激光表面清洗、材料的化学成分分析、生物和医学领域应用等。激光微细加工可以在空气、真空和惰性气体下进行,但一些特殊的表面改性、纳米颗粒和粉末的生成等需要在一定的活性气体环境中进行。

在工业加工应用中,焦耳级连续激光可在小于 1 ms 的时间内在 1 mm 厚的金属板上快速钻孔。然而,重铸层以及几何精度等质量问题,限制了激光在工业上的应用范围。脉冲激光能够对材料进行局部加热,对被加工材料周围的影响较小。对于传热快的材料(金属和某些半导体),激光脉冲烧蚀高质量表面形状可通过短脉冲激光来实现。

当激光脉宽较短时,激光烧蚀的热影响区(HAZ)变得很小。这是由于 HAZ 的尺寸主要由热穿透深度(l_{th})决定,该长度与脉宽的关系为

$$l_{th} = 2\sqrt{\kappa \tau_p} \tag{1-1}$$

式中 κ——材料的热传导率;

τ_p——激光的脉冲宽度。

一般来说,激光与材料相互作用的穿透深度(l)由光学穿透深度(l_a)和热穿透深度(l_{th})共同决定,即

$$l = l_a + l_{th} \tag{1-2}$$

在大部分绝缘体中,光学穿透深度占主导地位且和激光波长相关。而在金属中,光学穿透深度远小于激光波长,仅为波长的十分之一,在很多情况下可以忽略不计。

l_a 和 l_{th} 给出了激光加工精度的简单估计,材料熔化或蒸发的深度值还取决于照射到材料表面的激光能量密度,结构的横向尺寸也是如此。激光束作用在材料表面的光束直径(d_f)和激光烧蚀区域直径(d_{abl})基本不一致。对于高斯光束,给定激光能量密度(F_{th})的烧蚀区域直径(d_{abl})和激光束作用在材料表面的光束

直径(d_f)及材料的烧蚀阈值(F_0)相关,即

$$d_{abl} = d_f \sqrt{\frac{1}{2}\ln\left(\frac{F_{th}}{F_0}\right)} \qquad (1-3)$$

高斯光束边缘低于材料去除阈值的能量密度以附加的方式作用于被加工材料,导致热损伤区域的增加。因此,陡峭的光束有利于激光加工的质量,激光束的陡峭程度受到烧蚀前沿激光诱导等离子体(或工件前方的气体击穿)的影响。

激光烧蚀体积由烧蚀深度和烧蚀直径决定。激光脉冲持续时间、作用于材料表面的光束直径和激光脉冲能量的减小将导致烧蚀体积的减小,从而提高去除的精度。激光去除材料的成分组成很大程度上取决于激光能量。

1.4　激光微细加工技术的分类及特点

近年来,激光微细加工领域的研究热点及工业应用主要集中在超快激光微细加工技术和紫外激光微细加工技术。

1.4.1　超快激光微细加工技术

超快脉冲具有高峰值功率而被越来越多地应用于各种激光微细加工中,如加工表面微结构或利用多光子吸收工艺对材料内部进行三维结构加工。锁模是一种功能非常强大的技术,可以获得比空腔往返时间短得多的超快脉冲。然而,由于锁模振荡的重复率很高,激光振荡器中单独获得的峰值功率通常不足以对材料进行加工。因此,在实际的超快激光微细加工应用中,需要复杂的脉冲放大方案。

关于超快激光微细加工技术,目前已有多位学者进行较为详细的介绍,本书不再赘述。有兴趣的读者,请参阅文献[4-7]。

1.4.2　紫外激光微细加工技术

紫外激光器是工业激光市场增长最快的一部分,紫外激光器主要包括准分子激光器和紫外固体激光器。与传统加工方法相比,紫光激光微细加工具有相干性高,热影响小,加工效率、精度和重复率高,对材料无选择性,加工方式灵活多样,成本低等优点,因此得到实际应用并快速发展。

紫外激光在激光加工方面具有较为明显的优势。紫外激光波长短、聚焦尺寸小,易获得高的尺寸精度。紫外激光单光子能量高,能够直接打断物质原子/分子间连接的化学键加工物质,导致被照射区域材料直接形成气态粒子或微粒并发生光化学剥离过程,是"冷"处理过程,具有很小的热影响区,进而获得高的边缘质量。大多数材料能有效地吸收紫外激光,可以加工许多红外和可见激光难以加工的材料。

(1)准分子激光器

仅在激发态存在的分子称为准分子,其英文名称 excimer 来源于 excited dimer,意为激发态的双原子分子。准分子激光范围很广,包括 F_2 激光(157 nm)、ArF 激光(193 nm)、KrF 激光(248 nm)、XeCl 激光(308 nm)和 XeF 激光(351 nm、354 nm)等。1975 年,美国海军实验室获得 XeBr(282 nm)激光输出,美国阿符科公司获得 XeF(351 nm)、KrF(248 nm)和 XeCl(308 nm)的准分子激光输出。

准分子激光首次试验研究是通过电子束泵浦高压气体的方式实现。电子束泵浦方式具有很多显著的特点,可研究不同气体成分的激光动力学过程,但由于其结构复杂、成本高和重复频率有限,因此在实践中的应用较少。更实用的泵浦技术是基于激光气体中的自持放电。高压气体激光器在自持放电状态下的工作需要合适的预电离技术来获得均匀的辉光放电。UV 光照射或者

X 射线能够用来进行预电离。然而,工业用准分子激光通常采用火花放电或表面放电的 UV 光预电离,因为这种方法便于操作。依据材料的不同,选取不同波长和能量达到最佳效果。

对于很多聚合物和陶瓷材料,308 nm 或 248 nm 波长激光对于烧蚀过程是一个很好的选择。然而,对于 308 nm 或 248 nm 波长透明或者吸收很弱的材料就需要 193 nm 或者 157 nm 短波长激光照射,例如熔融石英或者聚四氟乙烯(PTFE)等。用于材料加工的典型放电泵浦准分子激光器的脉冲持续时间一般在 5 ~ 100 ns 之间。单脉冲能产生高能量工业准分子激光器的重复频率一般小于 1 kHz。

可见,准分子激光脉宽一般在纳秒之间,重复频率可达 1 kHz;准分子激光波形轮廓为一矩形,照射工件表面的各部分能量相等,与高斯光束不同;准分子激光脉冲能量可达到几十焦,其功率密度可达 10^{10} W/cm^2 以上。准分子激光的上述特点使其具有广泛的应用领域和优良的加工特点。在材料加工领域,由于准分子激光的光化学消融机理、极高的激光功率密度及掩膜技术的使用,因此其比红外激光器具有更明显的优点。但准分子激光光束的矩形特征需要复杂的光束调整系统,准分子激光微细加工需要复杂的掩膜系统,准分子激光的工作物质具有一定的毒性。紫外固体激光器和准分子激光器相比,具有结构紧凑、安全性高、易维护、成本低、操作简单等优点。

关于准分子激光微细加工技术,目前已有多位学者进行较为详细的介绍,本书不再赘述。有兴趣的读者,请参阅文献[8 - 10]。

(2)紫外固体激光器。

紫外固体激光器和超快激光器相比,具有结构紧凑、长时间运行稳定性高、平均功率高、易维护、操作简便、成本低、生产率高等优点。因此在材料加工、生物工程、材料制备、微光学元件制作、集成电路板及半导体工业等激光加工领域获得了广泛的应用。

1.5　本书主要内容

本书主要介绍了紫外激光微细加工技术的理论、装置、方法及应用。内容包括紫外激光微细加工用激光源、激光微细加工系统及其光学系统、紫外激光微细加工的应用、材料对紫外激光的相互作用、紫外激光微细加工单晶硅和碳化硅的工艺和机理、激光安全等。

第 2 章　紫外固体激光器

2.1　激光器的基本组成

根据激光产生的条件,通常激光器都是由三部分组成:激光工作物质、泵浦源和光学谐振腔,如图 2-1 所示。

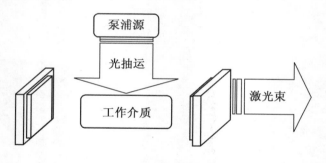

图 2-1　激光器的基本结构

2.1.1　激光工作物质

激光工作物质是指用来实现粒子数反转并产生光的受激辐射放大作用的物质体系,也称为激光增益介质。对激光工作物质的主要要求是尽可能在其工作粒子的特定能级间实现较大程度的粒子数反转,并使这种反转在整个激光发射作用过程中尽可能有效地保持下去,为此,要求工作物质具有合适的能级结构和跃迁特征。亚稳态能级的存在,对实现粒子数反转是非常有利的。

激光的工作物质可以是固体(晶体、玻璃)、气体(原子气体、离子气体、分子气体)、半导体和液体等介质。不同的激光器中,激活粒子可能是原子、分子、离子,各种物质产生激光的基本原理都是类似的。将实现粒子数反转的物质统称为激活介质或增益介质,它具有对光信号的放大能力。

激光工作物质决定了激光器能够辐射的激光波长,激光波长由物质中形成激光辐射的两个能级间的跃迁确定。当前,实验室条件下能够产生激光的物质已有上千种,可产生激光波长包括从真空紫外到远红外,X 射线波段的激光器也正在研究中。

2.1.2　泵浦源

泵浦源的作用是对激光工作物质进行激励,将激活粒子从基态抽运到高能级,以实现粒子数反转。根据工作物质和激光器运转条件的不同,可以采取不同的激励方式和激励装置,常见的有以下四种。

1. 光学激励(光泵浦)

光泵浦是利用外界光源发出的光来辐照激光工作物质以实现粒子数反转的,整个激励装置,通常是由气体放电光源(如氙灯、氪灯)和聚光器组成。固体激光器一般采用普通光源(如脉冲氙灯)或是半导体激光器作为泵浦源,对激光物质进行光照。

2. 气体放电激励

对于气体激光工作物质,通常是将气体密封在细玻璃管内,在其两端加电压,通过气体放电的方法来进行激励,整个激励装置通常由放电电极和放电电源组成。

3. 化学激励

化学激励是利用在激光工作物质内部发生的化学反应过程来实现粒子数反转的,通常要求有适当的化学反应物和相应的引发措施。

4. 核能激励

核能激励是利用小型核裂变反应所产生的裂变碎片、高能粒子或放射线来激励激光工作物质并实现粒子数反转。

半导体激光虽然属于一种固体激光器,但它使用注入电流的方法,依靠电流流经介质产生电子和空穴的复合过程形成光辐射,因此不需要外部的泵浦源。

从能量角度看,泵浦过程就是外界提供能量给粒子体系的过程。激光器中激光能量的来源,是由激励装置从其他形式的能量(诸如光、电、化学、热等)转化而来。为了得到连续的激光输出,必然不断地进行泵浦以维持处于上能级的粒子数比下能级多。

2.1.3 光学谐振腔

光学谐振腔主要有产生与维持激光振荡和控制输出激光束的质量两个方面的作用。

1. 产生与维持激光振荡

光学谐振腔的作用首先是增加激光工作介质的有效长度,使得受激辐射过程有可能超过自发辐射而成为主导;同时提供光学正反馈,使激活介质中产生的辐射能够多次通过介质,并且使光束在腔内往返一次过程中,由受激辐射所提供的增益超过光束所受的损耗,从而使光束在腔内得到放大并维持自激振荡。

2. 控制输出激光束的质量

激光束的特征与谐振腔结构有着不可分割的联系,谐振腔可以对腔内振荡光束的方向和频率进行限制,以保证输出激光的高单色性和高方向性。通过调节光学谐振腔的几何参数,还可以直接控制光束的横向分布特征、光斑大小、振荡频率及光束发散角等。

除了三个基本组成部分之外,激光器还可以根据不同的使用目的,在谐振腔内或腔外加入对输出激光或光学谐振腔进行调节的光学元件。例如,实际上激光发射的谱线并不是严格的单色光,而是具有一定的频率宽度,若要选取某一特定波长的光作为激光输出,可以在谐振腔中插入一对 F – P 标准具;为改变透过的光强,选择波长或光的偏振方向,可在谐振腔中加入滤光器;为降低反射损耗,可在谐振腔中加入布瑞斯特窗;还可以在谐振腔中加入锁模装置或 Q 开关,对输出激光的能量进行控制;此外,还有棱镜、偏振器、波片、光隔离器等光学元件,可根据不同的使用目的进行添加。

2.2　激光器的分类

激光器种类繁多,习惯上主要按照两类方式分类:一种是按照激光工作物质的不同来分类,另一种是按照激光器工作方式来分类。

2.2.1　按照激光工作物质分类

根据激光工作物质的不同,激光可分为以下几类:

1. 气体激光器

气体激光器以气体和金属蒸气作为工作物质。

根据气体中产生受激辐射作用的工作粒子性质的不同,气体激光器又可进一步分为原子气体激光器、离子气体激光器、分子气体激光器、准分子气体激光器等。

原子气体激光器中产生激光作用的是未电离的气体原子,激光跃迁发生在气体原子的不同激发态之间。采用气体主要是氦、氖、氩、氙等惰性气体和铬、铜、锰、锌、铅等金属原子蒸气。原子激光器的典型代表是 He－Ne 激光器。由于 He－Ne 激光器发出的光束方向性和单色性好,可以连续工作,因此这种激光器是当今使用最多的激光器。

分子气体激光器中产生激光作用的是未电离的气体分子,激光跃迁发生在气体分子不同的振－转能级之间。常用的气体主要有 CO_2、CO、N_2、O_2、N_2O 和 H_2 等分子气体。分子气体激光器的典型代表是 CO_2 激光器。

分子气体激光器中还有一类称为准分子气体激光器。所谓准分子,是一种在基态电解为原子而在激发态暂时结合分子(寿命很短)的不稳定缔合物,激光跃迁产生于其束缚态和自由态之间。采用的准分子气体主要有 XeF^*、KrF^*、ArF^*、$XeCl^*$、$XeBr^*$ 等。准分子激光器的典型代表为 XeF^* 准分子激光器。

粒子激光器中产生激光作用的是已电离的气体离子,激光跃迁发生在气体离子的不同激发态之间。采用的离子气体主要有惰性气体离子、分子气体离子和金属蒸气离子三类。其典型代表为氩离子(Ar^+)激光器。

气体激光器波长覆盖范围主要位于真空紫外至远红外波段,激光谱线上万条。气体激光器具有结构简单、造价低、光束质量高(方向性及单色性好)、连续输出功率大(如 CO_2 激光器)等优点,是目前品种最多、应用最广泛的一类激光器。

2. 固体激光器

固体激光器以固体激活介质作为工作物质。

固体激光器工作物质通常是基质材料,如晶体或玻璃中掺入少量的金属离子(称为激活离子),粒子跃迁发生在激活离子的不同工作能级之间。作为激活离子的元素可分为四类:三价稀土金属离子、二价稀土金属离子、过渡金属离子和锕系金属离子。固体激光器的典型代表是红宝石($Cr:Al_2O_3$)激光器、掺钕钇铝石榴石($Nd:YAG$)激光器、钕玻璃激光器和掺钛蓝宝石($Ti:Al_2O_3$)激光器。

固体激光器的波长覆盖范围主要位于可见光和近红外波段，激光谱线数千条，具有输出能量大（多级钕玻璃脉冲激光器，单脉冲输出能量可达数万焦）、运转方式多样等特点。器件结构紧凑、牢固耐用。

1960 年，随着第一台红宝石激光器的发明，各国学者研究了多种固体激光材料。大多数固体激光器在 400 nm ～ 3 μm 的光谱区域发射辐射，这是基于稀土离子的 4f－4f 跃迁或金属离子的 3d－3d 跃迁。固态激光工作物质可大致分为晶体和玻璃。

在多种类型的掺杂稀土离子固体激光器中，以掺杂 Nd^{3+} 和 Yb^{3+} 晶体的研究最多，例如 $Nd:YAG$ 激光器、$Nd:YVO_4$ 激光器、$Yb:YAG$ 激光器和 $Yb:$玻璃光纤激光器等。主要是由于掺杂 Nd^{3+} 和 Yb^{3+} 晶体的激光器在激光效率、最大输出功率和脉冲调制等方面具有非常优异的激光特性而具有重要意义。

固体激光器可以利用人造高强度光源（如泵浦灯、弧光灯、二极管激光器等）或准直太阳光进行光学泵浦。二极管泵浦的固体激光（Diode Pumped Solid-state Laser，DPSSL）比泵浦灯抽运得更有效，由于其优良的激光性能，因此变得非常重要。

Ti:蓝宝石激光器能够在 670 ～ 1 070 nm 可调谐输出，主要在高峰值功率、超快脉冲等前沿科学研究领域得到广泛应用。由于缺乏合适的高功率绿色二极管激光器用于泵浦 Ti:蓝宝石晶体，因此需要非二极管型、较低效率的高功率绿色激光器作为泵浦源，因此 Ti:蓝宝石激光器在工业应用中往往很昂贵。

因此，为了用更实用的超快光源来取代 Ti:蓝宝石激光器，二极管泵浦稀土离子晶体固体激光器的发展受到了广泛的重视。超快脉冲具有高峰值功率而被越来越多地应用于各种激光微细加工中，如加工表面微结构或利用多光子吸收工艺对材料内部进行三维结构加工。锁模是一种功能非常强大的技术,可以获得比空腔往返时间短得多的超快脉冲。然而,由于锁模振荡的重复率很高,激光振荡器中单独获得的峰值功率通常不足以对材料进行加工。因此,在实际的激光微细加工应用中,需要复杂的脉冲放大方案。

3. 液体激光器

液体激光器的工作物质分为两类:一类为有机化合物液体(染料),另一类为无机化合物液体。其中,染料激光器是液体激光器的典型代表。常用的有机染料有四类:吐吨类染料、豆香素类染料、恶嗪染料和花青类染料。无机化合物液体通常是含有稀土金属离子的无机化合物溶液,其中金属离子(如 Nd)起工作物质作用,而无机化合物液体(如 SeOCl)则起基质的作用。

染料激光器的波长覆盖范围为紫外到近红外波段($300\ nm \sim 1.3\ \mu m$),通过混频等技术还可将波长范围扩展至真空紫外到中红外波段。激光波长连续可调是染料激光器最重要的输出特征。染料激光器结构简单、价格低廉。但染料溶液的稳定性较差,这是染料激光器的主要不足。

4. 自由电子激光器

自由电子激光器是一种特殊类型的新型激光器,工作物质为空间周期变化磁场中高速运动的定向自由电子束。

自由电子激光器的工作物质是相对论电子束。所谓相对论电子束,是指电子加速器加速的高能电子。自由电子激光器将相对论电子束的动能转变为激光辐射能。其泵浦源为空间周期磁场或电磁场。只要改变自由电子束的速度就可产生可调谐的相干电磁辐射,原则上其相干辐射谱可从 X 射线波段过渡到微波区域,因此具有很好的前景。

具有非常高的能量转换效率、输出激光波长连续可调谐是自由电子激光器两个最显著的特点。

5. 半导体激光器

半导体激光器也称为半导体激光二极管,或简称激光二极管(Laser Diode,LD)。半导体激光器以半导体材料为工作物质,其原理是通过电注入进行激励,在半导体物质的能带之间或能带与杂质能级之间,通过激发非平衡载流子而实现粒子数反转,从而产生光的受激辐射放大。

由于半导体材料本身物质结构的特异性,以及半导体材料中电子运动规律的特殊性,因此半导体激光器的工作特征有其特殊性。

常用的半导体材料主要有三类:

(1) ⅢA ~ ⅤA 族化合物半导体,如砷化镓(GaAs)、磷化铟(InP)等。

(2) ⅢB ~ ⅥA 族化合物半导体,如硫化镉(CdS)等。

(3) ⅣA ~ ⅥA 族化合物半导体,如碲锡铅(PbSnTe)等。

根据生成 PN 结所用材料和结构的不同,半导体激光器有同质结、异质结(单、双)、量子阱等多种类型。

半导体激光器波长覆盖范围一般在近红外波段(920 nm ~ 1.65 μm),其中,1.3 μm 和 1.55 μm 为光纤传输的两个窗口,且半导体激光器易于与光纤耦合,易于进行高速电流调制,因此广泛应用于光纤通信系统。

半导体激光器具有能量转换效率高、超小型化、使用寿命长(一般可达十万到百万小时以上)等优点,广泛应用于光纤通信、光存储、光信息处理、科研、医疗等领域。

6. 光纤激光器

光纤激光器是以掺入某些激活离子的光纤为工作物质,或者利用光纤自身的非线性光学效应制成的激光器。光纤激光器可分为晶体光纤激光器、稀土掺杂光纤激光器、塑料光纤激光器和非线性光学效应光纤激光器。

光纤激光器主要采用半导体激光二极管泵浦。

光纤激光器具有总增益高、阈值低、能量转换效率高、波长调谐范围较宽,以及器件结构紧凑等优点。其在远距离光纤通信等领域显示出了广阔的应用前景。

2.2.2 按照激光器工作方式分类

由于激光器所采用的工作物质、激励方式以及应用目的的不同,其运转方式和工作状态亦相应有所不同。按照工作方式,激光器可分为连续输出和脉冲输出两种方式,分别称为连续激光器和脉冲激光器。激光微细加工中应用较多的激光器是脉冲激光器。

1. 连续和准连续激光器

连续激光器的工作特点是工作物质的激励和相应的激光输出,可以在一段较长的时间范围内以连续方式持续进行。以连续光源激励的固体激光器和以连续电激励方式工作的气体激光器,以及半导体激光器均属此类。由于连续运转过程中往往不可避免地产生器件的过热效应,因此多数需要采取适当的冷却措施。

另外,还有一种准连续激光器,这种激光器的工作过程中,每隔一段时间需要断开泵浦源以减少热效应,避免过热损坏激光器,但是其泵浦持续的时间仍足以维持激光器稳定的工作状态,工作特征类似于连续激光器,所以称为准连续激光器。

2. 脉冲激光器

脉冲激光器包括单次脉冲激光器和重复脉冲激光器。

单次脉冲激光器的泵浦时间和相应的激光发射时间,都是一次单脉冲过程。一般的固体激光器、液体激光器以及某些特殊的气体激光器,均采用此方式运转。此时器件的热效应可以忽略,故可以不采取特殊的冷却措施。

重复脉冲激光器的输出为一系列的重复激光脉冲,因此器件相应地以重复脉冲的方式激励,或以连续方式进行激励但以一定方式调制激光振荡过程,以获得重复脉冲激光输出,通常也要求对器件采取有效的冷却措施。

2.2.3　其他类型激光器

除上述两种常用的分类方式外,还可以按照激光技术的应用分为调 Q 激光器、锁模激光器、稳频激光器、可调谐激光器等。也可以按照谐振腔腔型的不同分为平面腔激光器、球面腔激光器、非稳腔激光器等类型。

2.3　紫外激光器的发展历程

紫外激光产生介质主要分为气体和固体两种。气体介质产生方式通过电子束或脉冲放电,利用电子碰撞激发,将气体粒子激发至某高能级上,从而产生受激跃迁向外辐射紫外激光。固体介质是通过将红外光或近红外光透过非线性倍频晶体的方式进行一次或多次的频率转换后得到紫外激光。用于激光微细加工的激光器主要有准分子激光器和紫外固体激光器等。

准分子激光器最早出现于 1971 年,自 1972 年以来得到了迅速的发展。早期的准分子激光器以液态氙为工作物质,当前对准分子激光器的研究主要体现在提高其重复频率和平均功率。以 Borisov 等为代表,他们研制的 XeCl 准分子激光器的平均输出功率已达到 1 kW(20 J,100 Hz);日本日立公司研制的 XeCl 准分子激光器最高运转频率为 5 kHz、最高平均输出功率为 500 W,在

5 kHz的重复运转频率下,平均输出功率达到了 560 W;在法国,当前研制的高功率 XeCl 激光器在 400 Hz 重复运转频率下的平均输出功率已经超过了 1 kW。

在对固体激光利用非线性晶体进行频率转换,获得不同波长的紫外激光方面,国内外学者进行了大量的研究工作。1964 年,Keyes 用激光二极管泵浦增益介质 $CaF_2:U^{3+}$,首次得到了 213 nm 的紫外固体激光。Zimmermann 等人采用 KN 非线性晶体,得到了 2.1 W 的 213 nm 连续紫外激光。日本的 Yap 等人使用 CLBO 晶体,重复频率为 10 kHz,得到平均功率为 10.6 W 的紫外脉冲输出。2000 年,日本的 Kojima 等人在声光调 Q 的 1 064 nm 的 Nd:YAG 激光器中利用改进后的高质量 CLBO 晶体获得了突破性的进展,得到 20 W 的 266 nm 紫外脉冲输出。

20 世纪 80 年代,福建物构所研制出了 BBO 晶体。尤晨华利用 BBO 晶体得到 216 nm 深紫外激光。20 世纪 90 年代末,LD 泵浦技术发展十分迅速,紫外激光技术也取得了新的发展。1999 年,陈国夫等人选用 $Nd:YVO_4$ 作为增益介质,用 KTP、BBO 作为倍频晶体,在国内得到 266 nm 的紫外输出。程光华等和谭成桥等均对 266 nm 紫外激光进行了研究。2007 年,中科院物理所首先做出了瓦级 266 nm 激光器,采用重复频率为 20 kHz 的声光调 Q、端面泵浦 $Nd:YVO_4$ 激光器,利用 KTP 晶体进行腔内倍频和 CLBO 晶体进行腔外倍频,获得平均功率为 1.3 W、脉宽为 11 ns 的 266 nm 激光。李修采用重复频率为 11.2 kHz 主动调 Q 的 1 064 nm Nd:YAG 激光器,通过两次倍频转换,获得了功率为 7.1 W 的 266 nm 激光输出。2009 年,Liu 等人采用了重复频率高达 100 kHz 被动调 Q 的 1 064 nm Nd:YAG 激光器,通过两次倍频的方式得到 14.8 W 的 266 nm 激光输出,进一步提高重复频率到150 kHz 时,得到 11.5 W 的 266 nm 激光。

2.4　紫外气体激光器

紫外气体激光器有准分子激光器、氩离子激光器、氮分子激光器、氟分子激光器、氦镉激光器等。用于激光加工的紫外气体激光器主要为准分子激光器。

2.4.1　准分子激光器

准分子激光器是一种脉冲激光器,是以准分子作为工作介质的一类气体激光器,工作介质主要为稀有气体(Ar、Kr、Xe 等)和卤族元素(F、Cl、Br 等),常采用电子束或脉冲放电的形式实现泵浦。依赖于键合气体的不同组合,准分子激光波长也不同。例如, F_2 激光(157 nm)、ArF 激光(193 nm)、KrF 激光(248 nm)、XeCl 激光(308 nm)和 XeF 激光(351 nm、354 nm)等。准分子是一类在激发态时复合成分子,在基态时离解为原子的不稳定缔合物。在准分子激光系统中,跃迁发生在束缚的激发到排斥的基态,因此属于束缚 – 自由跃迁。处于基态的稀有气体原子受到激发后,核外电子跃迁到更高能级的轨道从而改变原有最外层电子充满的结构,并与其他原子结合形成分子,当激发态的分子跃迁回到基态时,又离解成原来分立的原子,能量以光子的形式放出,经谐振腔放大后,变为具有高能量的紫外激光。卤族元素和稀有气体粒子在三体碰撞中的相互连接成为受激分子。受激离子参加三体碰撞而受到激励。第三个碰撞体需要带走多余的能量和动量。气体 Ne 和 He 一般作为第三碰撞体。为了保证碰撞过程持续发生,激光混合气体必须在高压(2 ~ 5 bar①)下进行。准分子激光腔内的结构有利于运送激光气体腔的稀有气体;但是卤族元

①　　1 bar = 10^5 Pa。

素(F、Cl)特别活跃,装备需要较高的安全系数。卤族元素较高的化学腐蚀性限制了激光混合气体和激光腔的使用寿命。

准分子激光激励是通过气体放电实现的。准分子激光首次实验研究是通过电子束泵浦高压气体的方式实现的。尽管电子束泵浦方式具有很多显著的特点,但其结构复杂、成本高和有限的重复频率使得其在实践中较难进行应用。实用的泵浦技术是基于激光气体中的自持放电。高压气体激光器在自持放电状态下需要用 UV 光照射或者 X 射线产生的预电离获得均匀的辉光放电。因为受激准分子的平均寿命仅为 10 ns 左右,所以需要较高的泵浦率和电流密度。典型的准分子激光中,气体放电的阈值电压是 50 kV,峰值电流是 100 kA。峰值电流需要通过脉冲形式获得,由于电流较高以及较短的上升时间,脉冲电流的开关大多采用闸流管开关与饱和感应圈组合方式实现。在脉冲形式下获得放大倍数非常高,引起谐振腔中高阶模的振动。因此,与 CO_2 激光器和 YAG 激光器相比,准分子激光的光束质量较差。准分子激光的能量密度轮廓取决于激光气体管的几何形状和放电电极。

在材料加工中,依据材料的不同,选取不同波长和能量密度达到最佳效果。对于很多聚合物和陶瓷材料,308 nm 或 248 nm 波长激光对于烧蚀过程是一个很好的选择。然而,对于 308 nm 或 248 nm 波长透明或者吸收很弱的材料就需要 193 nm 或者 157 nm 短波长激光照射,例如熔融石英或者聚四氟乙烯(PTFE)等。用于材料加工的典型放电泵浦准分子激光器的脉冲持续时间一般在 5~100 ns。单脉冲高能量工业用准分子激光器的重复频率一般小于 1 kHz。然而,对于微光刻技术的应用,平均功率90 W且重复频率高达 6 kHz 的准分子激光器,现已在开始销售了。

2.4.2　氩离子激光器

氩离子激光器是惰性气体离子激光器的典型代表,是利用气体放电使管内氩原子电离并激发,在离子激发态能级间实现粒子数反转而产生激光的。它的能量转换效率较低,最高仅 0.6%,一般只有 10^{-4} 量级,频率稳定度约为 3×10^{-11},使用寿命超过 1 000 h。氩离子激光器有水冷和风冷两大类,新一代氩离子激光器正向智能化(自诊断、光控、遥控、面板程序存储等)方向发展。

2.5　紫外固体激光器

2.5.1　紫外固体激光产生过程

固体激光器的紫外激光产生过程主要分为以下两个主要步骤:

(1)泵浦光源经激光器内光路照射到增益介质上,实现粒子数反转,在谐振腔内形成红外光,作为基波;

(2)基波在谐振腔内振荡,经过一次或多次非线性晶体腔内或腔外倍频,得到所需的紫外谱线后经镜片透射、反射进行输出。

紫外固体激光器采用的泵浦方式主要分为灯泵浦和激光二极管(LD)泵浦,其中 LD 泵浦的紫外固体激光器又被称为全固态激光器。

一般产生紫外激光的方法有两种:一是直接采用红外全固体激光器的三倍频或四倍频取得 355 nm 或 266 nm 等紫外激光;另一种方法是先用倍频技术得到二次谐波,再利用和频技术得到紫外激光。前一种方法有效非线性系数小,转换效率低,后一种方法由于利用的是二次非线性极化率,转换效率要比前一种高很多。图 2-2 所示为 Nd:YAG 固体激光波长频率转化的示意图，其中 C 代表非线性晶体，F 代表分光镜。

为了扩大现有激光源的频率范围，非线性光学晶体被应用在激光微细加工中。谐波主要通过具有二阶非线性光学敏感度的双折射晶体的和频获得。有效的频率转换需要相位匹配。相位匹配主要有两种类型，第一种类型是两个输出波具有相同的偏振态；第二种类型是两个输出波是正交偏振。

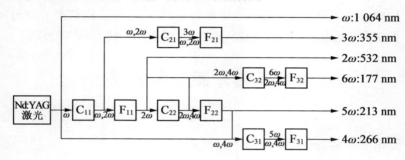

图 2-2　Nd:YAG 固体激光波长频率转化的示意图

1. 二次谐波

二次谐波的产生是三波相互作用的情况，其中两波的频率相等。为了使高功率的钕激光器有效地倍频，常用三硼酸锂 LiB_3O_5（LBO）晶体。

常规从 KTP 晶体中可获得超过 65% 的频率倍增效率，但 KTP 晶体会受到光化学降解。LBO 是一种具有良好的紫外透明性、高损伤阈值和中等非线性光学系数的非线性晶体。因此，在大功率脉冲钕激光器的倍频方面，LBO 是 KTP 的一种有潜力的替代品。例如，通过第一种类型的相位匹配方式，将二极管端泵浦的高功率调 Q 双 Nd:YAG 平板激光器中产生 1 064 nm 激光通过 LBO 晶体，获得了功率为 93 W、频率为 10 kHz、脉冲持续时间为 10.7 ns 的绿光。高效的外部二次谐波，转化效率高达 57%。

2. 三次谐波

激光基波输出到三次谐波的有效转换是通过不同波长混合通过和频产生。LBO 非线性晶体在钕激光三次谐波产生中应用普遍。例如,通过采用非临界相位匹配 LBO 非线性晶体获得二次谐波和临界相位匹配 LBO 非线性晶体进行腔外转换,可以获得 355 nm 激光。利用 LBO 非线性晶体对 1 064 nm 的 8.5 W 激光进行三倍频,获得了功率为 3 W、重复频率为 100 kHz 的 355 nm 的 20 ps 激光。

近年来,利用 II 型 CBO 非线性晶体作为纳秒 Nd∶YVO$_4$ 激光器的基频和二次谐波的和频,实现了高效的 355 nm 激光的产生,获得了重复频率 31 kHz 下 3 W 的 355 nm 波长激光输出。激光从基波到三次谐波的转换效率达到了 30%,是同等试验条件下利用 II 型 LBO 非线性晶体的 1.5 倍。

2.5.2　紫外固体激光的关键技术

紫外固体激光关键技术主要包括增益介质和非线性倍频晶体。

1. 增益介质

第一台红宝石激光器所使用的是固体增益介质。在此之后,科研人员进行大量研究后,研究出各种类型的增益介质,但固态激光器中能够选择的增益介质还很有限。常用的增益介质为 Nd∶YAG 晶体、Nd∶YVO$_4$ 晶体、Nd∶GdVO$_4$ 晶体,其中 Nd∶YAG、Nd∶YVO4 的使用频率最高。三种增益介质产生激光的原理基本相似,主要区别在于材料的理化性质。

（1）Nd∶YAG 晶体。

Nd∶YAG 晶体发展最早、技术最成熟,尤其适合于大功率 LD

泵浦产生高功率 1 064 nm 和 1 319 nm 激光输出,此外 Nd:YAG 晶体的 946 nm 谱线倍频是获得全固体蓝光的重要方式。对于 Nd:YAG 晶体来说,晶体本身的发射截面较小,但它有相对较高的荧光寿命和热导率,所以对激光系统的散热技术的要求不高,适合在高功率激光器和脉冲激光器中使用。自 Nd:YAG 激光器成功运转以来,从单根 Nd:YAG 晶体棒获得的连续输出功率已由最初的不足 1 W 上升到目前的几千瓦。YAG 晶体具有优异的物理、化学和机械性能,YAG 基质硬度高、光学质量好、热导率高。从最低的温度到熔点,YAG 晶体的结构都很稳定。Nd:YAG 晶体的基质 YAG 晶体机械强度高、导热性好,激光波长范围内晶体透过率高,采用提拉法就可以生长出大尺寸高质量的优质晶体。此外,YAG 的立方结构有利于窄的荧线宽度,使得激光器的增益高、阈值低。所以,Nd:YAG 激光器具有效率高、性能可靠、易小型化、光束质量好以及功率稳定性高等优点,因此,特别适合大功率二极管或闪光灯泵浦产生高功率的激光输出。另外,YAG 晶体的强度和硬度都很高,很容易进行切割、抛光等加工。

(2)Nd:YVO₄ 晶体。

Nd:YVO₄ 晶体已经成为 Nd:YAG 晶体有力的竞争者,并且在微片激光器和单频激光器方面具有其他晶体无法相比的优势。与 Nd:YAG 晶体相比,Nd:YVO₄ 晶体有较大的受激发射截面、较宽的吸收带宽、较高的吸收系数、较短的荧光寿命以及偏振输出等优点。Nd:YVO₄ 具有几种与激光二极管有关的光谱特性。在 1 064 nm 处,Nd:YVO₄ 晶体的受激发射截面是 Nd:YAG 晶体的 4 倍。此外,Nd:YVO₄ 晶体具有玻璃的硬度,不潮解,加工镀膜容易,808.5 nm 有很强的吸收。Nd:YVO₄ 晶体的增益系数高和荧光寿命短能够进行高重复率调 Q 操作,使得 Nd:YVO₄ 晶体产生的激光非常有利于激光高速直写微细加工。

但 Nd:YVO₄ 晶体的缺点也较多。由于晶体自身物理性质的限制,无法获得高质量的大尺寸晶体,并且 Nd:YVO₄ 晶体的机械性能和均匀性都很差,因此只能制造出小尺寸的激光棒,制约了 Nd:YVO$_4$ 晶体在激光器中的应用。由于 Nd:YVO$_4$ 晶体的热导率偏低,热效应明显,因此激光器对散热要求变得更加严格,一定程度上加大了试验设备研制的难度,因此 Nd:YVO$_4$ 晶体比较适合用于薄片激光器和小功率激光器。目前商品化中、小功率全固态绿光激光器大多采用 Nd:YVO$_4$ 晶体作为激光介质,二极管泵浦 Nd:YVO$_4$ 晶体激光器已经进入商品化。

(3)Nd:GdVO$_4$ 晶体。

对于 Nd:GdVO$_4$ 晶体来说,GdVO$_4$ 与 YVO$_4$ 是同种结构的基质晶体材料。Nd:GdVO$_4$ 晶体和 Nd:YVO$_4$ 晶体有基本相似的激光性能,其吸收峰半高全宽略宽于 Nd:YAG 晶体,其吸收截面是 Nd:YVO$_4$ 晶体的 2 倍,是 Nd:YAG 晶体的 7 倍多。Nd:GdVO$_4$ 晶体的受激发射截面是三种晶体中最大的,并且其热导率也很优秀,这种晶体可以实现高浓度掺杂并且很容易生长出大尺寸、高质量、光学性能均匀的优质晶体。这些优点或许可以使 Nd:GdVO$_4$ 晶体在未来成为全固态固体激光器的首选增益介质。特别是准三能级系统,大热导率让晶体内部温度梯度较小,热透镜不明显,晶体的绝对温度低,因此晶体内下能级粒子的再吸收损耗进一步减少。

此外,在某些应用场合,Nd:YLF 晶体具有许多优于 Nd:YAG 晶体的特征。Nd:YLF 晶体是单轴晶体,在 1.047 μm 处具有较高的增益。由于具有较高上能级荧光寿命,在较低的 LD 泵浦功率下仍能有效地储能,因此适合产生大能量调 Q 脉冲。Nd:YLF 晶体的荧光线宽是 Nd:YAG 晶体的 3 倍,更有利于产生窄脉宽超短脉冲输出。另外,Nd:YLF 相对大的热导率能产生有效地散热,自然双折射大大超过了热致双折射,消除了 YAG 等光学各向同性基质材料的热退偏问题。

2.非线性倍频晶体

在紫外固体激光器中,非线性频率变换晶体是重要的组成结构之一,在非线性晶体本身的理化性能基础上,通过非线性频率转换技术对激光器基频光进行四倍频或五倍频就可以获得紫外光。在紫外激光器设计中,紫外激光的输出功率的和光束质量主要依赖于非线性晶体的好坏。自从非线性晶体问世以来,经过科研人员的不懈努力,有许多优秀的紫外非线性晶体被研制出来并投入到紫外激光器的研制中,其中比较常用的有 KTP、KDP、KD * P、CD * A、BBO、LBO、BIBO、CLBO、KBBF 等。

KTP(磷酸氧钛钾,$KTiOPO_4$)晶体的光学透过波长范围为350 ~ 4 500 nm,具有大的非线性系数、容许温度和容许角度,激光损伤阈值较高,化学性质稳定,不潮解,机械强度适中,倍频转化效率高达 70% 以上,是中小功率固体绿光激光器的最好倍频材料。其最大的优点是非线性系数高,光损伤阈值也高,目前主要应用于 Nd:YAG 激光器的内腔倍频处理。

BBO(偏硼酸钡,$\beta - BaB_2O_4$)晶体由福建物构所首次研究成功,透光范围为 0.19 ~ 3.5 μm,有较大的相位匹配角、高损伤阈值、高倍频效率,但是会有潮解的问题,保存条件苛刻。其主要应用于四、五倍频产生紫外波段(266 nm、213 nm),也可用于染料激光器中二、三倍频的产生以及光学参量振荡(OPO)、光学参量放大(OPA)和氩离子的倍频等方面,是一种性能优良的非线性晶体。

LBO(三硼酸锂,LiB_3O_5)晶体由福建物构所研制,它具有相对较宽的透光波段(0.155 ~ 3.2 μm),尤其是在紫外波段,具有良好的透光性,轻微潮解,对保存环境要求不高,有较好的物理化学性质,损伤阈值高,非线性光学参数适中,接收角相对较大,走离角小,所以走离效应相对不明显,现已经广泛应用于非线性变换中的倍频、和频等效应中。由于其非线性系数和倍频效率较低,折射率对温度比较敏感,在使用中尤其需要注意温控。LBO 适用于临界相位匹配,也可以适用于非临界相位匹配,与铌酸盐晶体相比较,LBO 的激光损伤阈值高,在非临界相位匹配中波长调节宽,允许更大的温度范围;铌酸盐类晶体虽然非线性系数很大,但允许匹配的温度范围很窄,限制了这类晶体的使用。

BIBO(三硼酸铋,BiB₃O₆)晶体是一种对称性低的双轴非线性晶体,虽然其在 1962 年就已经被报道出来,但是直到 1999 年才开始应用于倍频效应中。BIBO 晶体的透光波段为 0.27 ~ 2.6 μm,由于其较宽的透光波段不仅仅用于 1 064 nm 到 532 nm 的倍频中,也可以用于 1 064 nm 与 523 nm 三倍频到 355 nm 的效应中,及非线性频率变换技术中的和频效应。BIBO 物理化学特性稳定,其环境适应能力高不轻易潮解,光学损伤阈值高,并且其有效非线性系数非常大,甚至高于铌酸锂类晶体,在外腔倍频使用中效率一度高达 70%,但是 BIBO 晶体的双折射率相差很大,这就导致相位匹配角随波长变化明显,因此不仅可以用于倍频、和频等效应中,也可以用于光参量领域中。

CLBO(硼酸铯锂,CsLiB₆O₁₀)晶体是由日本的大阪大学首先报道合成的一种性能优良的新型紫外非线性晶体。其透光波段范围在 0.18 ~ 2.75 μm,可以实现四次谐波的产生,与常用的BBO、LBO 等晶体相比,该晶体生长方式简单,可以长出大尺寸、高质量的光学晶体。虽然该晶体的物理化学性能比较优秀,但也存在易潮解的问题,对保存条件要求苛刻,需要密封使用,并且在150 ℃条件下保存。

KBBF(KBe₂BO₃F₂)晶体由福建物构所研制,其透光范围最宽在 0.155 ~ 3.5 μm,经过试验验证,它可以应用在六倍频效应产生 177.3 nm 的深紫外激光。

2.5.3　紫外固体激光转化效率

由于利用非线性晶体进行频率转化过程中存在着能量损失,假设转化效率为 β_i,转化效率表示第 n 次倍频激光的输出能量($F_{i\omega}$)和激光基波时输出能量(F_ω)的比值。转化效率可用式

(2-1)表示,即

$$\beta_i = \frac{F_{i\omega}}{F_\omega} \quad (i = 1,2,3,4,\cdots) \tag{2-1}$$

式中　β_i——转化效率;

　　　$F_{i\omega}$——第 n 次倍频激光的输出能量;

　　　F_ω——激光基波时输出的能量。

根据非线性光学原理,若输入两个不同频率的光 ω_1 和 ω_2,则输出激光的频率包括频率为 ω_1 和 ω_2 的激光,两者的和频($\omega_1 + \omega_2$)、差频($\omega_1 - \omega_2$)以及两种不同频率激光的线性组合。高阶频率激光的能量较低,可忽略不计。本节中只有和频($\omega_1 + \omega_2$)产生的激光被用来选择产生高频的激光。

从图 2-2 中可以看出,二倍频产生的激光是在非线性晶体的首次转化中产生的。转化以后的能量要低于基波所产生的能量。二倍频产生的激光可用式(2-2)进行表达,即

$$\omega + \omega \rightarrow 2\omega \tag{2-2}$$

对于三倍频和四倍频,至少需要两次转化,相对于二倍频转化,转化效率要更低。三倍频是由基波频率和二倍频的和频组成,可用式(2-3)进行表达,即

$$\omega + 2\omega \rightarrow 3\omega \tag{2-3}$$

四倍频的产生仅仅是由于二倍频激光的和频,可用式(2-4)进行表达,即

$$2\omega + 2\omega \rightarrow 4\omega \tag{2-4}$$

因为在三倍频时相对于四倍频时输入的能量高,所以三倍频的转化效率要高于四倍频的转化效率。

同样,可以推出五倍频和六倍频至少需要三次的频率转化,所以它们的转化效率一定会低于四倍频。五倍频和六倍频的转化过程可用式(2-5)和式(2-6)进行表达,即

$$\omega + 4\omega \rightarrow 5\omega \tag{2-5}$$

$$2\omega + 4\omega \rightarrow 6\omega \tag{2-6}$$

五倍频的转化效率要高于六倍频的转化效率。

　　如上所述,在进行激光频率转化过程中,各种各样的非线性晶体被用于激光频率转化中。在本研究的激光设备中,利用 KTP 晶体、KD＊P晶体和 CD＊A 晶体用于将谐振腔产生的 Nd:YAG 激光进行二倍频、三倍频和四倍频,得到 1 064 nm、532 nm、355 nm 和 266 nm 的激光。激光微细加工系统如图 2－3 所示,激光器型号为 HY－400 脉冲泵浦灯泵浦的 Nd:YAG 固体激光器,1 064 nm 波长时单脉冲激光最大能量是 1 mJ,重复频率为 3 Hz,能够实现对基波激光的二倍频、三倍频和四倍频,即可得到 1 064 nm、532 nm、355 nm 和 266 nm 波长激光。

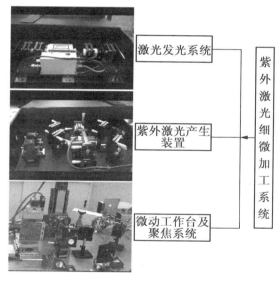

图 2－3　紫外激光微细加工系统

　　因为非线性晶体的非线性特征不同,所以随着输入能量的不同转化效率也有差别。本节中取相对优化的输入能量,利用式(2－1)进行计算。不同频率激光(ω、2ω、3ω、4ω 和 5ω)的转化效率如图 2－4 所示,其中五倍频激光(5ω)的转化效率通过计算得到。

从图 2 - 4 中可以看出,激光波长越短,转化效率越低。二倍频、三倍频、四倍频和五倍频的转化效率分别是 40% ~ 45%、25% ~ 30%、10% ~ 15% 和 5% ~ 8%。

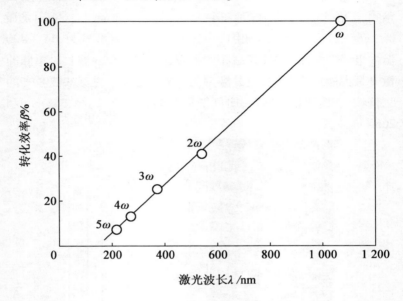

图 2 - 4   不同频率激光的转化效率

2.5.4   紫外固体激光器的最新进展

1. 紫外固体激光的现状

美国光谱物理公司用端面抽运 Nd:YVO$_4$ 激光获得 12 W、30 kHz 的 355 nm 激光。日本三菱公司在全固态紫外 Nd:YAG 激光器领域取得了巨大的进展,分别获得了 18 W 的 355 nm 和 20.5 W 的 266 nm 紫外输出,其中 355 nm 激光的重复频率为

25 kHz;266 nm 激光的绿光注入功率为 105.8 W、转换效率为 19.4%,没有出现饱和及光损伤现象,若提高绿光注入将会得到更高的紫外输出。

近年来,国内频率转换效果较好的是山东师范大学的何京良等人利用激光二极管(LD)抽运 Nd:YVO$_4$ 晶体获得的355 nm 和 266 nm 的紫外激光,采用腔内声光调 Q 技术产生 1 064 nm 准连续波输出,腔外用 KTP 晶体倍频产生 532 nm 的激光输出,用不同的 BBO 晶体进行三倍频、四倍频,三倍频得到最高平均功率为 310 mW 的 355 nm 紫外输出;266 nm 的平均功率高达 196 mW。2014 年,长春理工大学田明等人利用 LD 侧面泵浦 Nd:YAG 腔内声光调 Q 结构作为基频光源,采用一块 Ⅰ 类非临界相位匹配的 LBO 晶体作为倍频晶体,两块相同的 LBO 晶体作为和频晶体,在注入功率为 939.6 W、重复频率为 8 kHz 时,获得脉宽为 90 ns、准连续 355 nm 的 15.3 W 的紫外激光,其光路图如图 2 - 5 所示。

随着光学元器件加工技术的日益成熟,紫外波段不仅仅只限于 355 nm、266 nm 和 213 nm,236 nm 紫外激光器也被研发出来。Johansson 等人使用 PPKTP(周期极化 KTP)晶体和 BBO 晶体对被动调 Q 的准三能级 946 nm 激光器四倍频,获得了 20 mW 的 236 nm 激光。Kimmelma 等人报道了一种准三能级 Nd:YAG 主动调 Q 激光器,可以输出脉宽为 1.9 ns、平均功率为 7.6 mW 的 237 nm 激光。Deyra 等人采用图 2 - 6 所示的激光装置(光路图),使用的基频光是平均输出功率为 9.2 W、峰值功率为 10.2 kW、重频为 20 kHz、脉宽 45 ns 的主动调 Q 的 Nd:YAG 激光器,选取 BIBO、BBO 作为倍频晶体得到平均功率为 600 mW、脉宽为 27 ns 的 236.5 nm 紫外激光输出。

目前,光谱物理、相干、通快等外国公司占有着紫外激光的高端市场。光谱物理公司新款 Quasar 高功率紫外激光器具有高脉冲频率、高功率紫外输出等特点,该产品不但能够调节脉冲宽度,

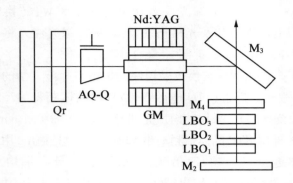

图 2 – 5　准连续 355 nm 激光器光路图

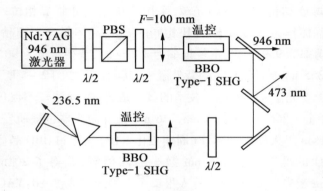

图 2 – 6　236 nm 激光装置(光路图)

还可实现对波形进行编程,为产品提供了高度工艺灵活性和可控性,大幅提升了加工产能与效率。国内品牌也得到长足发展,华日、英谷、瑞丰恒等企业得到了良好的增长。2009 年,华日激光开始发展纳秒级的紫外激光器,经过多年发展,华日公司纳秒级紫外激光器月产量超过 500 台。2015 年,华日成功收购加拿大超快激光器公司 Attodyne,在多伦多建立了全球领先的超快激光器研发中心。

2. 制造用紫外固体激光器的研发

清华大学主导的 2017 年国家重点研发计划项目"制造用紫外激光器"(项目编号:2017B1104500)针对高功率、高重复频率 355/266 nm 紫外激光的产生,紫外非线性光学晶体性能的提升,高功率紫外激光的产业化以及制造用紫外激光器的应用示范等开展研究,突破制造用紫外激光理论、设计、产业化以及应用的技术瓶颈。

项目分解为五个课题:

(1)高功率、高重复频率 355 nm 紫外激光器关键技术研究;

(2)高功率 266 nm 紫外激光器关键技术研究;

(3)系列紫外激光器产业化研究;

(4)高功率紫外晶体抗损伤技术及产业化研究;

(5)紫外激光器应用示范。

突破六大关键技术,分别为:

(1)实现脉冲可编程的窄线宽高速调制半导体激光种子源和种子注入磷酸钛氧铷晶体扫描锁定技术;

(2)半导体/光纤/固体混合放大过程中的受激布里渊散射抑制、偏振保持、模场匹配、光谱匹配、光场演化机制及光束质量调控的机理和方法;

(3)非线性光学频率变换中的走离效应及其补偿机理,提高非线性光学频率变换效率的方法;

(4)优化的助熔剂体系和大尺寸人工紫外非线性晶体生长方法,非线性紫外晶体表面膜系的损伤机理及高损伤阈值镀膜方法;

(5)多物理场耦合的紫外激光器设计的高效工业化数值计算方法和优化设计理论,工业化紫外激光器仿真软件,紫外激光器光机电一体化的数字样机仿真技术;

(6)高性能紫外激光器的稳定性,可靠性集成设计及组装技术。

该项目旨在突破高功率、高重复频率 355/266 nm 紫外激光器的核心技术，并解决限制工业化制造用激光器性能提升的工程化技术问题，研制出功率为 40 W 以上、重复频率为 100 kHz 至 MHz 的 355 nm 纳秒级紫外激光器工程化样机和功率为 10 W 级、重复频率为 50~150 kHz 的 266 nm 纳秒紫外激光器工程化样机。

2.6 展　　望

随着工业界对高功率紫外固体激光需求的增加，新型非线性材料的不断出现和性能的不断提高，高功率紫外固体激光的输出功率已经达到了百瓦量级，而且输出功率还将被不断提高。高功率紫外固体激光的输出功率获得了很快的提高，但高功率紫外固体激光的发展还存在一些问题需要解决，高功率紫外固体激光的技术工业化和产品化所面临的主要问题如下。

2.6.1 非线性光学晶体的抗损伤问题

随着紫外激光功率的提高，非线性晶体的光学损伤问题也越来越突出。要解决这一问题，一方面要通过材料本身性能的改善、晶体加工和镀膜技术的提高；另一方面，需要通过研究新型光学抗损伤技术，例如在非线性晶体输出端利用布儒斯特角切割，既实现分光，又可以不用镀膜，提高晶体的抗损伤能力。

2.6.2 紫外激光的效率提高

主要涉及激光器的总体结构设计，为了得到高效率全固态紫外激光，不但需要合理设计基频源的结构，得到高的电光效率，也需要在频率变换部分提高频率转换效率，这是当前面对的主要问题。由于频率转换效率与光功率密度成正比,因此需要提高光功率密度以提高转换效率,但这与晶体的光学损伤构成一对矛盾,需要综合与折中考虑;此外,非线性晶体存在的光学走离效应是影响非线性转换效率提高的重要因素。

2.6.3　紫外激光的光束质量提高

当前报道的高功率全固态紫外激光器都存在光束质量不佳的问题,这一方面是由于高光束质量高功率基频光的设计存在一定困难,另一方面,由于非线性转换过程中的走离效应和非线性晶体的光学质量问题,也严重退化紫外激光的光束质量,可以通过适当设计频率变换结构或者晶体结构来补偿走离效应。

2.6.4　紫外光学晶体的寿命问题

目前提高晶体使用寿命的办法是采用 Coherence 公司的专利技术,通过移动晶体改变晶体中的光斑位置,这样一个点可以工作 500 h,可以通过 $M \times N$(如 8×9)个点来增加寿命,但是增加了结构的复杂程度,另外晶体移动过程中的定位精度需要保证,可能还要探索更有效的提高晶体使用寿命的方法。

随着新型增益晶体、倍频晶体的不断问世,以及以往晶体加工技术的不断提高,紫外激光的输出功率越来越高、输出波段逐步减小、激光器结构简单化,紫外激光器的使用范围越来越广。

第3章 紫外固体激光微细加工系统及检测设备

3.1 紫外固体激光微细加工系统

激光微细加工系统是激光微细加工的基础装备。激光微细加工系统主要包括激光源、数控操作平台、在线观测系统、光传输和聚焦器件及控制系统等。同时在加工过程中,还需要一些附件用于调整光束质量、测量激光能量等。目前的激光微细加工系统集多项现代技术于一体,如 CAD 技术、虚拟加工技术、数控和机电技术等。紫外固体激光微细加工系统区别于传统激光加工系统主要是激光源的不同,本章将着重对紫外激光加工系统的组成、光学系统、能量测试等进行阐述。

紫外固体激光微细加工系统主要由紫外激光源、微细加工数控操作平台、在线观测系统、光路传输系统和控制系统组成,如图 3－1 所示。紫外固体激光微细加工系统的结构示意图如图 3－2

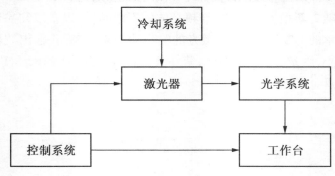

图 3－1　紫外固体激光微细加工系统示意图

和图3-3所示。常见的紫外固体激光微细加工系统主要有两种,第一种是激光静态照射数控工作台,工作台运动实现微细结构的加工,如图3-2所示;第二种是紫外固体激光通过振镜系统进行传输和调整,数控工作台和振镜系统协调工作,完成微结构的加工,如图3-3所示。

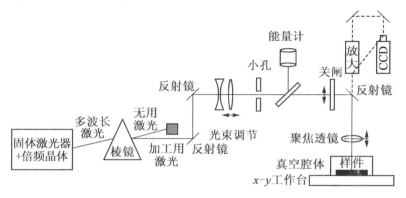

图3-2　紫外固体激光微细加工系统结构示意图(一)

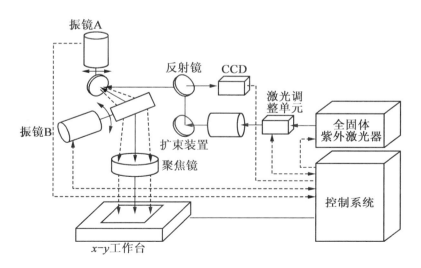

图3-3　紫外固体激光微细加工系统结构示意图(二)

为了实现激光微细加工,需要多种光学元器件对激光束进行调整、传输和控制等。高级功能光学元器件主要用于进行光束整形、光束大面积扫描、光束调制(SLM)、光学频率转换、光束特性和加工控制等。

3.2　激光束调整、传输和控制用光学元器件

激光微细加工的光束传播过程中,主要用到两种光学元器件:一种是基本光束传输用光学元器件;另一种是用于激光束调整和控制的高功能光学元器件。

3.2.1　基本光束传输光学元器件

基本光束传输光学元器件主要包括反射镜、透镜、棱镜、光纤、分束器、偏振光学器件、隔离器、光阑、光学开关等。本书对于基本光束传输用光学元器件不再赘述,有需求的读者可参阅参考文献[41-42]。

3.2.2　光的偏振态

在激光微细加工方面,由于线偏振光在材料不同位置具有不同的吸收率,因此加工形状畸变或效率低下。径向偏振光因其偏振方向径向分布的特点弥补了线偏振光进行微细加工时的不足。近些年来,偏振光学在激光微细加工中逐渐成为热点,特殊光学器件用来产生径向偏振光和环向(角向、切向)偏振光。研究者进行了径向偏振激光束加工微孔的应用研究,比较了线性偏振光和径向偏振光加工微孔的结果。结果表明,径向偏振激光束在微孔形状精度、加工效率、断面轮廓、光洁度等方面均能显著提高激光加工微孔的性能。主要是因为径向偏振光在传播过程中,偏振方

向始终保持完美的轴对称径向分布,电场偏振方向就是 P 偏振方向,加工微孔效果更好。此外,材料对径向偏振光能量的吸收总是大于其他偏振态激光的吸收。因此,相比于线性偏振光,径向偏振光进行微孔加工,微孔的圆度较好且效率更高。

径向偏振光的产生方法通常有两种,一种是腔内法,另一种是腔外法。腔内法一般利用晶体的双折射或热致双折射效应在谐振腔内特定位置插入小孔或锥形布儒斯特棱镜、衍射光栅等其他选择元件,抑制其他偏振状态的振荡,只允许径向方向偏振振荡输出。例如,华中科技大学激光加工国家工程研究中心的李波课题组针对轴快流 CO_2 激光器,设计了空间 45°的三折叠激光谐振腔结构,采用 4 个四分之一波片作为谐振腔的折转镜,实现角向偏振和径向偏振的转换,实现了 1.5 kW 径向偏振光的输出。腔内法通常对激光器谐振腔设计有较高要求,腔内能量损耗较多,产生功率低。腔外法也称为外部转化法,利用腔外良好的偏振转换元件,将线偏振转换为径向偏振光,省去了特殊谐振腔设计步骤,可获得较高输出功率。为产生径向偏振光而专门开发的光学元件主要有多层偏振光栅镜和分段半波片等。偏振转化方法主要包括利用 8 块(或 4 块)半波片构成空间变换延迟器,利用线双折射晶体制作的螺旋位相器件及衍射光学器件和干涉法进行光束叠加,并扭转向列液晶偏振转换器等。并泵埔灯泵浦 Nd:YAG 晶体对径向偏振光放大得到单脉冲能量为 772 mJ、频率为 10 Hz、脉宽为 10 ns 的径向偏振激光输出。

3.3　光束形状变换光学系统

激光器输出的光束一般是呈高斯分布的,即离光束中心越近,激光的强度越大,而远离中心的强度越小。由于某些特定应用,高斯光束的轮廓和相位不一定是最佳的性能。因此,需要对激光进行整形以获得更好的激光微细加工效果。激光束整形是将激光束的能量和相位重新分布的过程。激光束的能量分布定义了光束的轮廓,例如高斯形、圆形、矩形、环形或者多模激光。激光束的相位决定了光束的传播特性。

激光束整形技术主要包括小孔整形、光场映射和光束积分器三种方法。小孔整形简单实用,但是不能够进行复杂整形。光场映射利用光的反射、折射和衍射等实现输入光场到所需要输出光场的转换。几种用于激光微细加工中的光束整形方法如下。

3.3.1　光束均化器

光束均化器主要用于多模激光的掩膜成像系统,主要应用在准分子激光微细加工中。目前主要采用光束积分器实现光束均化,例如双棱镜均化器和蝇眼光束均化器等。在均化平面上评价光束质量时,需要考虑 4 个主要问题,即均匀面积、衍射效应、相干长度响应和散光。

3.3.2　高斯光束平顶整形

近年来,在高密度电子封装中加工大量群孔已进入大批量生产的工业应用中。在此过程中,工艺稳定性和产量是该技术的关键。当用带有光阑的高斯光束进行群孔加工时,会出现光束质量和加工效率之间的矛盾。采用基于光场映射的光束整形光学系统,将高斯光束轮廓转换为光阑平面上的近顶帽轮廓,光束质量和加工效率之间的矛盾得到有效改善,要比没有进行光束整形系统提高 25%。高斯轮廓到平顶轮廓的转换可以通过折射或衍射光学来完成。折射光学的主要优点是具有较高的传导率和转化效率,以及可产生均匀性更好的光场。衍射光学的主要优点是扩展了产生任何形状(如圆形、矩形、线形或多点)图案的灵活性和改善由于能量输入波动引起的不稳定性。

在激光加工领域,很多激光加工过程中材料的加工阈值效应比较明显,即当激光的强度达到加工阈值 F_{th} 就能对材料实现加工,而激光强度低于加工阈值 F_{th} 就无法对材料实现加工。因此,通过激光束的空域整形使光强达到均匀分布可以弥补强度低于加工阈值处光束强度的不足,从而提高激光加工的半径。如图 3 - 4 所示,用激光加工一加工阈值为 F_{th} 的材料时,经过光束整形后平顶光束的加工半径 x_2 要比高斯光束的加工半径 x_1 大很多,因此在实际生产中可通过激光束的空域整形提高激光加工效率。

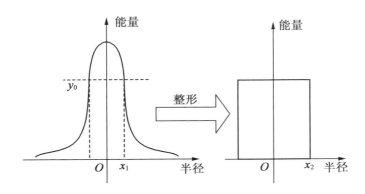

3 - 4　高斯光束整形前后加工半径比较

3.3.3　细长线性光束变换系统

在平板显示器生产中,需要利用线性激光束进行硅材料从非晶硅到多晶硅的激光退火。为了实现此功能,已经开发出了一个可实现从具有对称光束参数积的激光源到高宽比约为 10 000 的细长线性光束的光束变换系统。在该系统中,首先用望远镜对激光束进行放大,然后照射光束变换单元的几个透镜实现光束的非对称化。光束变换单元将原始光束分割并转换成多个光束,然后将其重新映射到长轴的微透镜均匀化单元(HOM)上。最后,变形光束经聚焦系统在目标上产生长度为 60 mm、宽度仅为 10 μm 的细长线性光束。该细长线光束发生器的关键部件光束变换单元和均匀化单元都可以通过微光学的子系统来实现。

另外一种称为蝴蝶结扫描技术（Bow Tie Scanning，BTS），蝴蝶结扫描利用了最新移动工作台和扫描振镜在速度和精度上的最新改进，在平面基底上精确、快速地对薄膜进行规则的图形刻划。该技术特别适用于阵列中的规则线或密集接触图案的应用，如太阳能电池板、平板显示器的大面积基板处理等。图 3 – 5 所示为蝴蝶结扫描技术示意图，在蝴蝶结扫描技术中，聚焦激光束在垂直方向上以恒定速度在线性工作台上移动的同时，在基板上以高速直线扫描。振镜在激光被选通时使光束偏转成"蝴蝶结"轨迹，以跟踪基板的运动，然后在激光被选通时返回到下一个轨迹的起点。

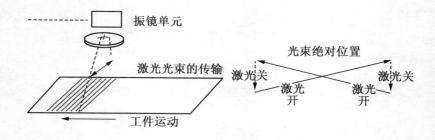

图 3 – 5　蝴蝶结扫描技术示意图

光束扫描和基片运动相结合的方式已经广泛应用于刻划和微孔钻削，成功地应用于平板显示器和太阳能电池板的大型基片加工。

3.3.4　并行材料加工用光束整形

对于大量微结构的高速加工，采用单一大功率激光源产生多点并行材料加工通常比用多个激光器并行材料加工结果要好一些。单一激光源产生多点并行光束主要通过微光学和衍射光学元件（DOE）。利用基于微光学的多点并行发生器，将 $5\ mm \times 3\ mm$ 的均匀场转化为 5×3 个尺寸为 $0.2\ mm \times 0.2\ mm$ 的正方形均匀光点。转化后的光束不均匀度低于 5%，转化效率高于 80%。衍射光学元件很轻薄，很容易实现非常紧凑的并行处理设备。为了获得比数字化元件更好的性能，开发了非数字化分束器。

另外一种称为同步图像扫描（SIS）技术，同步图像扫描是一种为高速、高精度生产具有特殊的长阵列和大面积基底微结构而发展起来的处理技术。它是一种掩模投影技术，在此技术中，基底连续移动，同时使用多个激光脉冲来形成每个激光加工特征。该技术的示意图如图 3-6 所示。掩模包含一系列用于所需特征的"构建块"，所有图像"块"同时以线性阵列投影到基板上。每次基板移动一个掩模图像间距时，激光被触发发射。这样，扫描中的每个特征都是通过激光烧蚀相同序列的图像来完成。掩模平面上光圈的同步移动用于遮挡工件端部的光束，以防止由于特

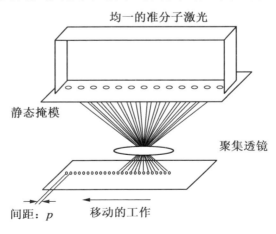

图 3-6　同步图像扫描技术示意图

征而出现具有倾斜效果的区域,这些特征在扫描端获得较少的激光脉冲。通过重复扫描基板,在每个区域积累足够的激光脉冲,以加工到所需的特征深度。该技术应用喷墨打印机微孔加工和大面积微光学器件的加工等,如图 3 – 7 所示。

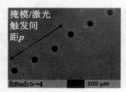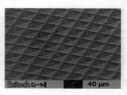

图 3 – 7 同步扫描技术加工打印机喷嘴和微光学器件图片

3.3.5 无衍射贝塞尔光束的整形

贝塞尔光束具有微米级的焦斑和较深的焦深,适合于激光微细加工。由于贝塞尔光束受聚焦像差的影响要比凸透镜小,因此贝塞尔光束的整形是非常实用的。贝塞尔光束可以通过使用轴棱锥透镜或衍射光学产生。研究者利用贝塞尔光束在 20 μm 厚的不锈钢上制备了直径小于 10 μm 的通孔。研究发现,用贝塞尔光束加工微孔的锥角小于利用凸透镜聚焦光束加工微孔的锥角。

3.4 振镜光学扫描系统

振镜光学扫描系统已在激光微细加工系统中应用多年。振镜的普遍应用源于其独特的位置精度、速度、控制灵活性、易于集成和光学扫描应用成本的结合。

振镜光学扫描系统主要由反射镜、扫描电动机以及伺服驱动单元组成。扫描电动机采用具有高动态响应性能的检流计式有限转角电动机,一般偏转角度在 ±20° 以内。振镜 x 轴和 y 轴扫描电动机的协调转动,带动连接在其转轴上的反射镜片反射激光束,实现整个工作面上的图形扫描。根据反射镜镜片的大小以及反射波长的不同,振镜光学扫描系统可以应用于不同的系统。

　　振镜光学扫描系统通常需要辅以合适的聚焦系统才能工作,根据聚焦物镜在整个光学系统中的不同位置,振镜光学扫描系统通常可分为物镜前扫描和物镜后扫描。物镜前扫描方式一般采用 F - theta 透镜作为聚焦透镜,其聚焦平面为一个平面,在焦平面上的光斑大小一致;物镜后扫描方式可采用普通物镜聚焦或采用动态聚焦方式,根据实际工作面大小以及聚焦要求进行选择。

　　在进行扫描时,振镜的扫描方式主要有三种:空跳扫描、栅格扫描及矢量扫描。空跳为从一点到另一点的快速运动,主要是从扫描面上的一个扫描图形跳跃至另一个扫描图形时发生。在运动起点关闭激光,终点开启激光,而中间的跳跃运动并不重要。栅格扫描是快速成形中最常用的一种扫描方式,振镜按栅格化的图形路径往复扫描一些平行的线段,要求扫描时尽可能保持匀速,以保证扫描质量。矢量扫描一般在扫描图形轮廓时使用。

　　在位置伺服系统中,接受的控制命令主要是两种:增量位移和绝对位移。增量位移为目标物质相对于当前位置的增量,而绝对位移为目标位置相对于坐标中心的绝对位置变化量。增量位移的每一次增量控制都有可能引入误差,而其误差累计效应将使整个扫描的精度很差。因此,现在的振镜光学扫描系统中,其控制方式多为绝对位移控制。同时,振镜光学扫描系统还是一个高精度的数控系统。不管是何种扫描方式,其运动控制都必须通过对扫描路径的插补来实现。高效、高精的插补运算是振镜光学扫描系统实现高精度扫描的基础。

　　数字伺服控制电子学的发展,为振镜光学扫描系统提供了更多的优势。基于数字伺服控制板,每一个振镜系统都有一个 DSP 系统,采用先进的控制算法,实现优于模拟伺服控制的性能指标。

3.5　空间光调制器

空间光调制器(Spatial Light Modulator)是一种能够对光波的空间分布进行调制的一类器件,在时间、空间变化信号的控制下,可以改变光束的振幅、相位、偏振态等参数,可将激光聚焦到多个焦点,实现多个焦点同时加工,激光光束的数量和位置可以利用计算机全息图进行灵活控制,实现灵活高效的精密加工。因此空间光调制器被广泛应用于许多领域,例如时域脉冲整形、全息光镊、光束空间整形和多光束并行加工。利用并行加工技术可以有效提高加工速度和加工效率,能够将加工效率提高一个数量级以上,显著缩短加工时间,大大节省加工成本。

利用具有大量像素阵列的空间光调制器进行并行处理,可以加工出比激光束扫描更快的可变激光图形(图案)。目前有两种空间光调制器用于计算机控制的高速激光图形制作:一种是基于微机电系统(MEMS)技术,采用大量微镜阵列;另一种是基于液晶空间光调制器(LC – SLM)技术。

3.5.1　基于 MEMS 空间光调制器的激光图形发生器

基于 MEMS 的空间光调制器使得激光图形的产生变成一个掩模直写的过程,这个过程主要在互补金属氧化物半导体(CMOS)基片上制作百万像素的微镜阵列。空间光调制器作为一个动态掩模,由 1 kHz 紫外激光器照射。通过计算得到新的图案,将计算结果下载到每个激光脉冲的空间光调制器中,在空间光调制器中直接生成图像并投影到掩模板上。典型的基于 MEMS 的空间光调制器是在 COMS 基片上制造大小为 16 μm × 16 μm 的 512 × 2 048 阵列。微镜像素被 160 倍成像透镜消磁,在掩模空白处产生 0.1 μm × 0.1 μm 的点网格。

3.5.2　液晶空间光调制器

液晶空间光调制器利用液晶对光的特定效应能够对光进行调制,一般由独立的像素单元组成矩阵阵列,矩阵的每个像素单元都可以独立地接受电信号(或光信号)的控制,并按此信号改变空间光调制器介质本身相应的光电参数(透过率和折射率等),从而达到对入射到其单元上的光学参数(振幅、相位和偏振态等)进行调制的目的。控制每个液晶单元的输入电信号,使液晶分子偏向不同角度,从而改变液晶空间光调制器的折射率,进而可以模拟相位型衍射光学元件。

液晶空间光调制器主要有两种类型,即平行排列向列相晶体空间光调制器和硅基液晶空间光调制器,两者仅能用于相位调制。平行排列向列相晶体空间光调制器技术较陈旧,用液晶显示器进行光学寻址,用于激光二极管的照明和准直。硅基液晶空间光调制器是高级版本的晶体空间光调制器,通过使用 CMOS 背板对像素进行控制,并且通过消除光学寻址可以非常紧凑。激光照射利用平行排列向列相晶体空间光调制器显示计算机生成的 2 Hz 重复率全息图,验证了液晶空间光调制器可以用于可变图案的生成。最近,通过使用 $1\,024 \times 768$ 像素的硅基液晶空间光调制器产生多光束,在单晶硅和 Ti6Al4V 表面上加工高效率高精度表面微结构成为可能。

3.6　光束特性和过程监测用光学系统

本节主要介绍各种光学系统及用于光束特性描述和过程监控的技术。

3.6.1　光束特征

激光束传输参数的测量和聚焦特性对于实现可靠、高质量的微加工至关重要。

1. 激光束传播参数测量

ISO 标准 11146 – 1 描述了光束直径的定义、功率/能量密度测量方法以及非圆柱头和简单散光光束的光束传播比 M_x^2 和 M_y^2（高斯光束为 $M^2 = 1$）。光束传播比是实际光束的光束参数积与相同波长的理想高斯光束的衍射极限之比，可用于表征激光束光束质量。计算光束参数的主要部分是根据功率分布的二阶矩确定光束宽度。二阶矩对探测器零位的不正确测定很敏感。

使用电荷耦合器（CCD）的激光束轮廓仪已广泛应用于整个激光行业，以方便用户评估其激光束的质量。最近，轮廓仪取得了许多技术进步，包括具有高分辨率的新相机、百万像素阵列、数字 CCD、新的光束取样光学器件、新的计算算法和新的轮廓显示等。激光束的二维和三维显示已经有了很大改进，提供了光束形状等更直观的洞察力。

2. 加工条件下激光微细加工的聚焦特性

激光材料加工受聚焦激光束特性的影响很大。聚焦激光束用于激光微细加工时，必须考虑到特殊的要求。基于 CCD 摄像机的概念，必须注意适当放大和衰减光束。为了优化性能，最终实现这一技术测量系统，需要专门设计的电子器件和算法。

3.6.2　过程监控

脉冲激光加工过程中出现的各种现象，可以用光学方法进行现场、实时的过程监测。

1. 脉冲激光烧蚀实时监测的发射诊断

激光烧蚀有丰富的信号发射。利用光学发射光谱分析仪和高速 ICCD 摄影技术研究了激光烧蚀诱导等离子体动力学,如固体材料(硅、金属、IC 成型件等)脉冲激光烧蚀过程中的诊断和实时监测。

2. 光热耦合和时间分辨反射率测量

提出了一种结合时间分辨反射率(TRR)和脉冲光热法(PPT)或红外辐射法(IR)绘制表面热传导过程的新方法。在激光与单晶硅和金属表面(铜、钼、镍、不锈钢、锡、钛)的几种材料相互作用的情况下,测定了表面温度、熔化动力学、熔化阈值和等离子体形成阈值。

3. 表面轮廓演化的实时监测与评价

为了防止材料过度变形,并确定最佳加工条件,需要对激光加工性能进行现场实时监测/评估。光学相干断层扫描(OCT)具有高分辨率、无创性等优点,可用于评价激光加工性能。

3.7　紫外固体激光微细加工结构的主要检测方法

紫外激光加工的结构都很微小,通过肉眼很难识别加工的效果,需要借助先进的检测设备进行检测。对于激光微细加工的结果,需要对加工区域的表面形貌、加工深度和加工变质层等进行检测,研究激光及运动参数对加工质量的影响规律。常用到的检测设备有光学显微镜、扫描电子显微镜、原子力显微镜、移相干涉显微镜(Zygo 干涉仪)、表面轮廓仪、激光共聚焦显微镜、透射电子显微镜等。其中,光学显微镜、扫描电子显微镜主要用于加工区域形貌的检测;原子力显微镜、移相干涉显微镜、激光共聚焦显微镜、表面轮廓仪可用于表面形貌和加工深度的检测;透射电子显微镜用于激光微细加工区域变质层的检测。

3.7.1　加工区域的表面形貌检测方法

通过对加工区域表面形貌的检测,可对加工的质量进行初步判断后,选择合适的工艺参数,例如在紫外激光烧蚀碳化硅的试验中,通过光学显微镜可以观测到,当激光能量很大时,加工区域的周围有很多的飞溅物,通过降低激光能量可以改善加工的质量。测量准确的加工区域的尺寸时,需要采用精度更高的检测设备进行检测。

1.光学显微镜

光学显微镜(图3-8)具有体积小、价格便宜、操作简便等优点,容易实现对加工区域的快速检测,在紫外激光微细加工的检测中得到了广泛的应用。光学显微镜还可以实现对透明材料内部的被加工区域的观察和检测。但光学显微镜在检测过程中,由于其视野和焦深范围有限,观测的广度和深度范围有限,因此其观测范围受到了很大的限制。

2.扫描电子显微镜

对于加工区域的表面形貌的检测更多采用扫描电子显微镜。扫描电子显微镜具有很好的视野和焦深,可以对加工区域的表面形貌进行全面的检测。扫描电子显微镜从20世纪60年代开始被应用以来,使用范围日益广泛。它是利用高能量、细聚焦的电子束在试件表面扫描,激发二次电子,利用二次电子信息对试件表面的组成或形貌进行检测、分析和成像的一种电子光学仪器。扫

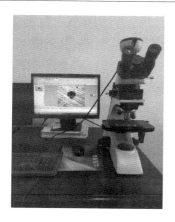

图 3 - 8　光学显微镜图片

描电子显微镜放大倍率在 20 ~ 50 000 范围内连续可调,在普通热钨丝电子枪条件下,二次电子的分辨率为 5 ~ 6 nm,如用场发射电子枪,则分辨率可提高到 2 ~ 3 nm。扫描电子显微镜还有一个很好的性能,即检测时有很大的景深,因此即使试件表面很粗糙、高低起伏很大,也能得到很清晰的表面组织图像。扫描电子显微镜检测时可获得试件表面的微观组织和形貌的图像,但不能测出微观轮廓高低的具体尺寸,因此不能用于检测表面粗糙度,也不能测出表面微观廓形的三维立体图像。图 3 - 9 所示为扫描电子显微镜检测得到激光在塑料表面加工的盲孔图片。由于扫描电子显微镜工作时,需要材料表面具有导电性,因此,对于不导电的材料要在材料的表面喷上导电的材料。另外,在扫描电子显微镜工作过程中,显示屏幕一直处于不断扫描的过程,对于非常微小的结构,很难找到确切的位置,需要在试验过程中,提前增加特殊的标识来识别要检测的区域。

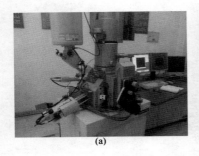 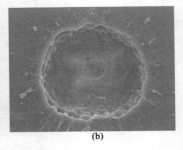

(a)　　　　　　　　　　　　　　(b)

图 3 – 9　扫描电子显微镜及其检测图片

3.7.2　加工区域的深度检测

在激光微细加工过程中,不仅要通过光学显微镜和扫描电子显微镜观测加工区域的表面形貌,还要对加工区域的深度进行检测。加工区域的深度不同,所采用的检测方法不同。深度小于 1 μm 的工件,可利用原子力显微镜和 Zygo 干涉仪进行检测;深度大于或等于 1 μm 的工件,可利用 Zygo 干涉仪、表面轮廓仪和激光共聚焦显微镜等设备进行检测。

1. 原子力显微镜

原子力显微镜是近些年发展起来的高分辨率检测表面微观形貌和尺寸的新技术。原子力显微镜具有极高的、达到原子级的测量分辨率,垂直方向分辨率达 0.01 nm,水平方向分辨率达 0.1 nm,可以直接观察到试件表面纳米级的表面形貌,也就是它能观察测量物质表面单个原子和分子的排列状态和分布。原子力显微镜控制探针尖和被测表面原子间的相互作用力,借助纳米级的三维微位移控制系统测出该表面的三维微观立体形貌图像。图 3 – 10 所示为原子力显微镜的工作原理及实物照片。探针装在一个对微弱力非常敏感的微悬臂上,探针尖与试件表面非常接近(不接触测量)或刚接触(接触测量),保持在相互作用力的控

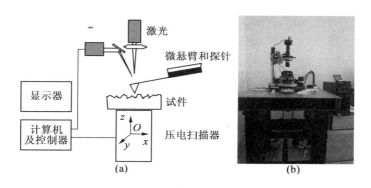

图 3 - 10　原子力显微镜工作原理及实物照片

制范围内,通过压电陶瓷控制试件在 x、y 方向做扫描运动。由于试件表面微观形貌高低起伏,因此针尖的微悬臂自由端随着表面起伏而上下变形。通过用隧道电流或激光光束偏移,来检测微悬臂的自由端在 z 方向的变形位移,就可以根据微悬臂的变形位移和弹簧刚度或微悬臂振动频率的改变,实现对探针尖和试件表面原子间的相互作用或力梯度的测量。通过 z 方向反馈控制针尖作用力,x、y 向压电陶瓷的扫描运动和针尖 z 向位移数据输入计算机经数据处理,可获得被测试件表面微观形貌的三维立体形貌图像。由于针尖对试件的作用力极为微小,原子力显微镜检测固体试件时,可基本上不划伤试件表面。原子力显微镜在接触测量时,检测的是针尖 - 试件表面原子间的相互作用力(库仑力)。不接触测量时检测的是针尖 - 试件表面原子间的相互作用力(范德瓦耳斯力),这时针尖 - 试件表面间的距离稍大,故测量分辨率不如接触测量法。近年来,原子力显微镜测量技术有很大改进,如采用轻敲扫描测量模式、微悬臂振荡的测力梯度方法、微悬臂与针尖结构和制造工艺的改进等,大大提高了的测量分辨率和应用范围。图 3 - 11 所示为利用原子力显微镜检测的图片。

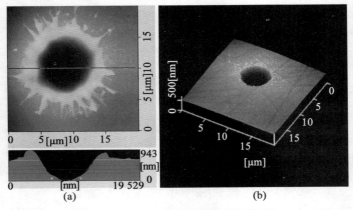

图 3 – 11 利用原子力显微镜检测图片

2. 表面轮廓仪

用探针对试件表面轮廓进行接触测量是种古老的方法。由于测量技术的提高,现在测量表面粗糙度的轮廓仪,可以测出表面截面的廓形分辨率达 0.05 μm 以上。轮廓仪的测针尖为避免磨损,用金刚石制造,针尖曲率半径为 0.05 μm 左右,不易磨得更尖,这限制了测量分辨率的提高。测量时针尖受一定力压向试件,容易划伤试件。现在一些新的轮廓仪配备了 x、y 双向精密微动工作台,测针尖在试件表面进行 x、y 双向往复扫描,再用计算机进行信息处理,可以得到表面的微观形貌的三维立体形貌图像。表面轮廓仪的检测原理(对试件表面进行扫描以获得表面微观形貌的信息)与原子力显微镜极为相似,只是后者使用了更尖锐的测针和更灵敏的测针位移检测方法。

3. 移相干涉显微镜

检测激光照射试件表面时获得干涉图像,经过计算机图像处理,得到试件表面的微观形貌和表面粗糙度。激光干涉测表面的微观形貌有不同方法,其中移相干涉显微镜是一种测量效果较好的测量方法。美国 WYKO 公司生产的 TOPO 表面微观形貌测量仪是移相干涉显微镜的典型代表,其光学原理如图 3-12 所示。这种方法可以直接测量干涉场上各点的相位,具有很高的空间分辨率和测量精度,TOPO 移相干涉显微镜的垂直分辨率高达 0.1 nm,水平分辨率为 0.4 μm,带有计算机,可以直接处理测得的干涉图像数据。其测量速度快,在几十秒内就能算出表面粗糙度参数,并能给出干涉条纹图和被测表面的彩色三维形貌图。图 3-13 所示为用 TOPO 移相干涉显微镜测出的表面三维微观形貌。

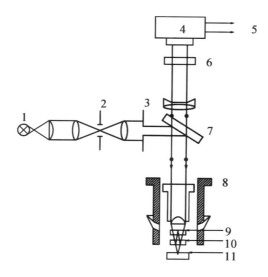

图 3-12　美国 WYKO 公司生产的 TOPO 移相干涉显微镜

1—光源;2—视场光阑;3—孔径光源;4—CCD 面振探测器;5—输出信号;6—干涉滤波片;7—分光镜;8—压电陶瓷;9—参考板;10—分光板;11—被测件

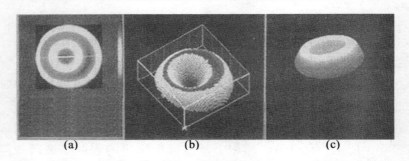

(a)   (b)   (c)

图 3 – 13　用 TOPO 移相干涉显微镜测出的表面三维微观形貌

4. 激光共聚焦显微镜

　　激光扫描共聚焦显微镜是使用激光作为光源,采用共轭成像的原理,x、y 方向逐点扫描样品表面,合成图像切片,再移动 z 轴,采集多层切片,形成图像栈,将所有图像栈的信息进行合成,形成可以测量垂直高度和表面粗糙度及轮廓的三维表面形貌图像(图 3 – 14)。常规显微镜的分辨率为 $0.3 \sim 0.5~\mu m$,共聚焦显微镜的分辨率可达到 $0.1 \sim 0.2~\mu m$,比传统显微镜提高了至少 40% ,可以分析光学显微镜下无法分析到的微小结构。在次微米级别内可以替代扫描电子显微镜。共聚显微镜采用共轭成像原理,对样品表面进行点扫描成像,进而扩展了光学显微镜的景深,对于样品表面比较粗糙的样品也可以获得高清晰图像。激光共聚焦显微镜能够快速获得样品表面的三维形貌信息,样品无须制备,并可实现表面高度、体积、角度等几何参数测量。

3.7.3　加工区域的变质层检测

　　变质层对于材料的性能有着较大的影响,特别是半导体和透明材料。由于激光加工材料的变质层非常薄,利用传统的检测方法难以进行检测。国内外专家开始利用透射电子显微镜进行激光加工区域的变质层检测。

　　透射电子显微镜是使用最为广泛的一类电子显微镜。透射

图 3 - 14　利用激光扫描共聚焦显微镜检测得到的三维图片

电子显微镜是一种高分辨率、高放大倍数的显微镜,是材料科学研究的重要手段,能提供极微细材料的组织结构、晶体结构和化学成分等方面的信息。透射电子显微镜的分辨率为 0.1 ~ 0.2 nm,放大倍数为几万至几十万倍。由于电子易散射或被物体吸收,因此穿透力低,必须制备更薄的超薄切片(通常为 50 ~ 100 nm)。其制备过程与石蜡切片相似,但要求极严格。

第 4 章　紫外激光微细加工技术的应用

传统制造方法存在工艺复杂、成本高，加工形状、尺寸、材料受限等问题，容易导致加工精度低、效率低、副产品污染严重、加工刀具磨损严重、成品率较低等问题。

与传统加工方法相比，激光微细加工具有相干性高，热影响小，加工效率、精度和重复率高，对材料无选择性，加工方式灵活多样，成本低等优点，因此得到实际应用并快速发展。

紫外激光波长短、单光子能量高、分辨率高，具有"冷加工"等特征，在微加工过程中可加工材料范围广，加工过程灵活可变，产生的热影响区小，能够实现精密复杂结构的加工，在微细加工中具有独特优势，能够有效提高制造品质。

紫外激光在科研、国防、医疗及工业等领域应用广泛，在相干光检测、先进制造、现代电子产业、环境监测、材料加工和处理、超高密度存储、光通信、生物检测等方面都有重要的应用。随着现代化电子产业的快速发展，产业需求转为尺寸小型化、质量轻型化和功能多样化，要求同时实现小尺寸、高精度和高质量等高品质制造，因此在半导体材料加工、微光学元件制作和印刷电路板等领域应用广泛。

4.1　激光微细加工技术

由于激光束可以聚焦到很小的尺寸,激光材料加工的热影响区很小,可以精确控制加工范围和深度,因此特别适合于微细加工。按照加工材料的尺寸大小和加工精度的要求,可以将目前的激光加工技术分为以下三个层次。

(1)大型工件的激光加工技术,以厚板(厚度大于 1 mm)为主要加工对象,其加工尺寸一般在毫米级或亚毫米级。

(2)激光精密加工技术,以薄板(厚度在 0.1～1.0 mm)为主要加工对象,其加工尺寸一般在 10 μm 左右。

(3)激光微细加工技术,以各种薄膜(厚度在 100 μm 以下)为主要加工对象,其加工尺寸一般在 10 μm 以下甚至亚微米级。

在上述三类激光加工技术中,大型工件的激光加工技术已经日趋成熟,已经在工业中广泛应用;激光微细加工技术,如激光切割、微调、激光精密刻蚀、激光直写技术等也已在工业上得到了较为广泛的应用。与传统的加工方法相比(表 4-1),激光微细加工之所以有如此广泛的应用前景和生命力,是与其自身的特点分不开的,其主要特点如下。

表 4-1　常用微细加工特点比较

加工方法	加工原理	主要特点	影响进度的因素	成本
电火花 (EDM)	电、热能熔化、汽化材料	适合各种导电材料的加工,但精密加工时要求电极极细,对设备的要求很高	工具电极直接影响其精度,$\Phi 0.1$ mm 以下的电极制备很难	中等
超声加工 (USM)	声、机械能切蚀材料	适用脆性材料的加工,机床结构简单,加工效率低	工具尺寸和磨料的粗细	低

续表 4-1

加工方法	加工原理	主要特点	影响进度的因素	成本
电解加工（ECM）	电化学能使离子转移	加工范围广，生产效率高，加工精度低，易造成环境污染	加工精度低于电火花加工	高
光化学加工（PCM）	光、化学能腐蚀材料	适用复杂形状的刻蚀（印刷电路板）；加工复杂，周期长，加工精度受刻蚀因子限制	缝隙宽度必须大于一倍板厚	中等
等离子弧加工（PAM）	电、热能熔化、汽化材料	加工速度快，能量集中，加工精度较低		低
激光加工（LBM）	光、热能熔化、汽化材料	适合于各种固体材料的加工，热影响区小，加工速度快	缝宽或孔径可以小于 30 μm	高

（1）对材料造成的热损伤低，质量高，精度高。

（2）非接触加工，没有机械力，十分适合微小的零部件。

（3）操作简单、加工速度快、经济效益高。

（4）激光独有的特性使得激光微细加工具有极好的重复精度。

（5）加工的对象范围广，可用于加工多种材料。

激光微细加工技术的发展离不开激光器的发展，许多不同类型脉冲激光器现已广泛应用于微细加工，这些激光器波长范围已从红外波段扩展到深紫外波段，脉冲持续时间从毫秒到飞秒，脉冲重复频率从单个脉冲到几十千赫。

4.2　紫外激光加工的特点

4.2.1　紫外波长短、单光子能量高

　　紫外激光波长短,单光子能量高,能够直接打断物质原子/分子间连接的化学键加工物质,导致被照射区域材料直接形成气态粒子或微粒并发生光化学剥离过程,不对周围物质造成明显影响,几乎不产生热影响区,进而获得高的尺寸精度和边缘质量。紫外激光具有"冷加工"等特征,是加工脆弱材料的理想工具,并能对多种材料进行打孔、切割、烧蚀,在微加工领域中具有广泛的应用。

　　光子即光量子,电磁辐射的量子,传递电磁相互作用的规范粒子。光子的静止质量为零,不带电荷,其能量为普朗克常量和电磁辐射频率的乘积($E = h\nu$)。

　　光子能量是能量单载光子。光子的能量与电磁辐射频率成正比,与波长成反比。光子频率越高,能量越高。同样,光子的波长越长,其能量就越低。

　　光子能量可以用任意一种方法来表示。通常用来表示光子能量的单位中,主要有电子伏(eV)和焦耳(J)。$1 \text{ J} = 6.24 \times 10^{18} \text{ eV}$,$1 \text{ eV} = 1.6 \times 10^{-18} \text{ J}$,单位转换可更好地表示频率更高、能量更高光子的能量。

　　单光子能量可以通过式(4-1)计算获得,即

$$E = h\nu \tag{4-1}$$

式中　h——普朗克常量,$h = 6.626 \times 10^{-34} \text{ J} \cdot \text{s}$ 或 $h = 4.136 \times 10^{-15} \text{ eV} \cdot \text{s}$;

　　　　ν——光的频率。

　　表4-2为不同激光波长对应的单光子能量,从表中可以看

出,随着激光波长变短,激光的单光子能量越高,因此紫外激光具有更高的单光子能量。

表 4 - 2　不同激光对应的单光子能量

激光类型	波长/nm	单光子能量/eV
CO_2 激光	10 600	0.12
固体激光	1 064	1.17
	532	2.33
	355	3.50
	266	4.66
	237	5.24
	213	5.83
	177	7.01
准分子激光	305	4.07
	248	5.01
	193	6.43
	157	7.90

4.2.2　聚焦尺寸小

同普通光相比,激光具有高方向性、高强度、高亮度、高单色性、高空间相干性以及非常良好的聚焦性等特点。激光器产生的激光束通过光学系统进行调整、聚焦和传输,可以在焦平面形成直径为几微米到十几微米的光斑,这样就可以使焦点处的激光能量密度高达 $10^5 \sim 10^{13}$ W/cm² 。

激光束在焦点处的激光能量密度 F 与激光器输出功率 E 以及光斑面积有如下的关系:

$$F = \frac{4E}{\pi d^2} \qquad (4-2)$$

由于光具有波的性质,因此会出现衍射现象,该现象存在于所有的光学系统中,决定系统性能的理论限值,衍射会使光束在传播过程中发生横向扩展,如果在对某个准直激光束进行聚焦时使用的是一个"理想"透镜,那么聚焦光斑的大小将只受衍射作用的影响。激光聚焦后在焦面上的光斑直径的大小可由式(4-3)计算得出,即

$$d = \frac{4M^2 \lambda f}{\pi D} = 2f\theta \qquad (4-3)$$

式中　M^2——激光模式参数;

　　　λ——激光波长;

　　　f——聚焦透镜的焦距,试验用透镜焦距为 100 mm。

　　　D——输入激光在透镜处的光束直径(在 $1/e^2$ 点处)(通过准直单位的光束直径);

发生衍射最重要的影响是会使光斑大小随焦距线性增加,且与光束直径成反比。因此,如果通过某个特定透镜的激光束直径增加,由于衍射效果变弱,光斑将会减小。如果对于已确定的激光束,当焦距减小时,光斑也会随之减小。

由式(4-3)可以看出,焦斑直径与激光模式参数成正比。M^2 表示某条特定光束在传播过程中的发散速度;对于理想的 TEM_{00}(横模和纵模均为 0 时)高斯激光束而言,$M^2 = 1$。

一束高斯光束通过聚焦透镜后,其一组激光参数转变成另一组激光参数,如图 4-1 所示。对于半径为 R' 的入射光,聚焦后在焦平面上的新束腰半径 r_0 可以由以下关系式求出:

$$r_0 = \frac{f\lambda}{\pi R'} \qquad (4-4)$$

式中　f——焦距;

　　　R'——入射光束半径。

如果想要获得一个足够小的焦点,可以通过增加入射光束半径、减小波长或焦距来实现。在聚焦光束长度范围内,光束聚焦直径几乎保持不变,聚焦长度可以通过式(4-5)得到,即

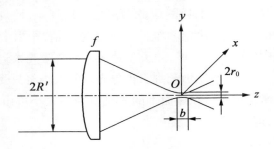

图 4 - 1　经透镜聚焦后的高斯光束

$$b = \frac{2\pi r_0^2}{\lambda} \qquad\qquad (4-5)$$

式中　b——聚焦光束长度(共轭焦距),$z_R = b/2$ 被称为瑞利长度。

　　激光波长越短,越有利于减小聚焦尺寸,从而加工出尺寸更小的微细结构。但随着波长的变短,聚焦长度也变短。

4.2.3　"冷加工"特征

　　在激光加工过程中,红外和可见光激光与材料相互作用的过程主要为光热效应,即红外和可见光激光束照射到材料表面时,一部分光子能量被材料表面的电子吸收,使得材料中的电子动能增大,通过热弛豫和热传递等过程使得材料被照射区域温度上升,发生熔化和汽化等物态变化,从而实现所需的加工。而紫外激光具有很高的单光子能量,以 213 nm 激光为例,其单光子能量为 5.83 eV,高于常态下的 C—C 键能(3.49 eV)、C—O 键能(3.69 eV)、Si—O 键能(4.67 eV)等,因此在照射过程中,紫外激光能够直接打断材料间连接的化学键,材料以气态或微粒的形式被剥离表面。光化学剥离过程中,电子吸收的激光能量几乎全部用于打断化学键,极少转化为热能,因此加工过程中产生的热影响区小。

　　紫外激光主要用于加工对紫外波段具有良好吸收率并且加工过

程对控制热影响要求较高的材料,如 Si、GaN 等半导体材料,石英、蓝宝石等光学晶体,以及聚酰亚胺(PI)、聚碳酸酯(PC)等高聚物材料。

4.3   紫外激光在微细制造领域的典型应用

4.3.1   半导体材料

紫外激光有利于实现集成电路中硅晶衬底上成千上万电路元件高密集高品质加工,同时能够通过改变硅表面的微结构,如二维微光栅等,增强硅材料对光能的利用率,对太阳能电池研发具有重要价值。

紫外激光加工硅基等半导体材料源自 1997 年德国的 Simon 首次利用 KrF 脉冲紫外激光(波长 248 nm)在硅片的表面消融得到了微孔和微光栅等,首次证明了采用脉冲紫外激光能够有效地在硅材料表面进行微结构加工。日本的 He 等利用 266 nmYAG 激光在硅表面烧蚀加工出立体的微结构。马炳和等利用 248 nm 的 KrF 准分子激光直接照射烧蚀单晶硅,提出了紫外激光加工的"热影响区"的概念,借以评定紫外激光的"冷加工"性能。日本的 Furukawa 等采用 355 nm 的紫外激光加工 SiC,建立了紫外激光的加工模型。英国的 Gu 利用高峰值功率的 266 nm 紫外激光在氮化镓上加工刻蚀出了微槽结构,获得较高的加工质量。朱冀梁使用波长为 351 nm 的全固态脉冲激光器经过位相光栅分束,在硅表面制作了周期间距为 0.55 μm、深度为 55 nm 的一维微光栅和周期间距为 1.25 μm、深度为 45 nm 的正交微光栅结构,提出了一种加工硅表面微结构、优化硅材料性能的新方法,扩展了激光加工在表面微加工领域的应用。杨雄在 Si 表面先进行了平面结构刻蚀,再使用分层法刻蚀出了图 4-2 所示的四棱台三维结构。

随着紫外激光器的发展和功率提升,利用紫外激光器对硅基

材料进行刻划切割开始获得研究人员的关注。楼祺洪等利用
193 nm 的准分子激光器,在硅上获得了宽度约为 15 μm 的切缝。
Chen 研究了紫外激光切割质量和加工效率受到紫外激光器的多
种参数如激光功率、脉冲频率、扫描速度以及焦距距离等的关系。
Tom 等研究发现功率 15 W 的紫外激光器能够实现对厚度
200 μm 的硅片刻划的有效加工。Gu 等利用 255 nm 铜蒸气紫外
激光在蓝宝石和氮化镓上加工微结构,获得了宽约 50 μm 的微槽
以及高长径比的通孔,并对微型 LED 器件 430 μm 厚度的蓝宝石
基成功进行切割。Baird 等利用紫外激光器在 300 μm 厚太阳能
级多晶硅上加工出半径 100 μm 的圆角结构,展示出紫外激光在
薄脆材料上精确加工的巨大优势。针对半导体材料加工需求,牛
津激光有限公司研制的 355 nm Nd:YAG 激光器,其功率密度最高
可以达到 19 GW/cm² 以上,能满足加工过程对快速去除材料的效
率要求,同时加工过程中对加工区域边缘几乎不产生损伤,没有
明显的热效应影响,能够获得极高的几何精度和边缘质量。

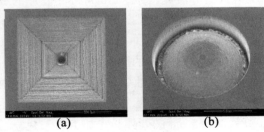

图 4-2 分层法刻蚀的四棱台三维结构

4.3.2 微光学元件制备

借助微光学元件,人们可以在微米、纳米尺度上对光线的物
理特性进行调控和利用,实现传统光学元件难以完成的光学变换
功能,具有重大的前沿科学意义与应用前景。微光学元件以石英
玻璃为主要材料。石英玻璃属于硬脆性材料,断裂韧性低,加工
过程容易产生裂纹和凹坑,严重影响光学元件的表面质量和性

能。因此,光学元件的制造对加工精度和表面质量提出严格要求。基于激光直写技术的紫外激光加工方法,能够实现高效率的冷加工,迅速完成光学元件的高精度微细结构制备,可满足大批量生产或者小批量试制的不同加工需要。

1992 年,德国的 Ihlemann 等介绍了其在石英玻璃上利用不同波长的纳秒准分子激光器和 248 nm 的飞秒激光器进行的激光刻蚀试验,利用波长 193 nm 的准分子纳秒激光器,在厚度为 1 mm 的石英玻璃上分别从反面和正面进行刻蚀加工圆槽,加工刻槽的结构如图 4 - 3 所示。

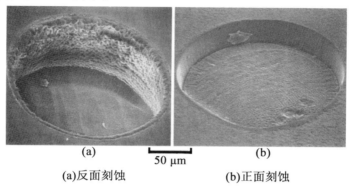

(a)　　　　　　　　　　　　(b)
50 μm
(a)反面刻蚀　　　　　　　　(b)正面刻蚀

图 4 - 3　加工刻槽的结构

日本理化研究所的 Sugioka 等首次利用 248 nm 的 KrF 准分子激光器和 157 nm 的 F_2 激光双光束的方法对石英玻璃进行了刻蚀加工,刻蚀的结果边缘平整、无裂纹,提高了刻蚀底面的加工质量。日本理化研究所的 Sugioka 等利用深紫外 - 紫外混合波长激光器石英玻璃上加工矩形截面坑,尺寸为 30 μm × 30 μm,深度为 2 μm,过程几乎没有碎屑沉积和热损伤。王汕利用紫外激光器,采用激光诱导等离子体刻蚀方法在石英玻璃表面获得无脆裂崩边、整齐的刻蚀边缘,刻蚀底部粗糙度可达 1 μm 以下,最大刻蚀深度达到 22 μm。陈涛等利用 248 nm 纳秒准分子激光,通过掩模投影和直写刻蚀两种不同的方法在石英玻璃表面上实现了直线形(深度不超过 50 μm)和圆弧形(深度不超过28.5 μm)微通道结构的无裂损加工。孙树峰等以铜膜作为吸收层,通过紫外激光诱导等离子体对 Pyrex7 740 玻璃进行刻蚀加工,得出了刻蚀深度与激光能量密度的对应关系。

传统的制作衍射光栅的方法是用金刚石刻刀刻划,在刻划的过程中刀具的磨损非常严重,特级刀料金刚石刻刀也只能刻划几块光栅。利用激光烧蚀制备衍射光栅只需将由计算机控制的激光束在材料表面扫描出光栅的条纹结构,扫描区的薄膜被烧蚀掉,衬底裸露出来,在材料表面就形成了光栅结构。制作过程中改变激光扫描速度和激光输出功率,或改变光栅的周期就能改变光栅的衍射效率,操作简单方便、快速。图 4 – 4 所示为分别利用 355 nm 和 266 nm 紫外激光在聚合物和单晶硅表面加工的衍射光栅结构。

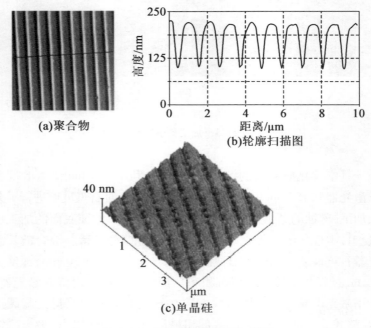

(a)聚合物

(b)轮廓扫描图

(c)单晶硅

图 4 – 4   衍射光栅结构及扫描图

4.3.3　聚合物加工

利用激光器在聚合物表面直接烧蚀出微结构,是激光加工在聚合物表面处理领域应用的重要研究方向之一。聚合物受温度的影响大,容易发生变形流动,影响加工效果和质量。由于红外或可见光波段激光热效应大,不具备高精度微细加工能力。紫外激光通过直接破坏连接物质原子组分的化学键,不对外围产生光热效应。因此,紫外激光器是加工薄橡胶和塑料制品等聚合物的理想工具。赵泽宇等利用 KrF 准分子激光器对 PC 材料进行烧蚀加工,得出了 PC 材料的烧蚀阈值,获得了烧蚀的深度与脉冲次数的线性关系。Aguilar 等使用 ArF 准分子激光在可生物降解的聚合物材料 PCL 薄膜上成功制备出 193 nm 的微孔图案。Menoni 等利用极紫外激光器在聚甲基丙烯酸甲酯(PMMA)上加工出图 4 – 5 所示的直径为 82 nm、深度为 7 nm 的孔,孔内壁干净光洁且加工重复率高。

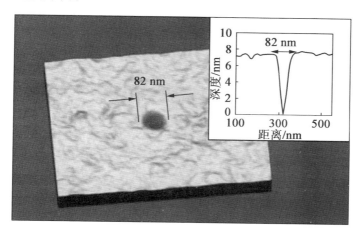

图 4 – 5　PMMA 上获得的直径为 82 nm 的孔
(插图:孔的横截面)

Tiaw 等在 2008 年利用固态激光器在 PCL 薄膜进行了微孔织构化,直径 4 μm、深度 2μm 微孔,实现了薄聚合物膜的高质量精密加工。刘建国等利用 355 nm 全固态激光器在 PC 材料进行刻蚀改性,获得多种亲水性和疏水性表面。Chan 等通过使用 355 nm UV 脉冲激光,在厚度为 0.1 mm 的多孔 PP(聚丙烯)片材上通过改变激光参数,制备出孔径可控的多孔图案。

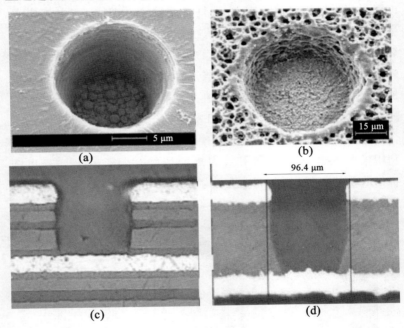

图 4 - 6 紫外激光在多种材料上加工盲孔

随着电子技术的发展,印制电路板(PCB)生产制造技术也向着小型化、高密度、多层化方向发展,利用激光实现对 PCB 板的微加工也成为 PCB 生产领域的重要研究方向之一。PCB 板主要由聚合物基板和铜箔导线等组成。紫外激光器在 PCB 加工中的应用主要为在基板上钻细孔、切割电路以及修复电路板。目前,紫外激光器可以在 PCB 电路板直接加工出孔径 15 μm 以下的孔,精度高且不易错位,图 4 - 6 所示为紫外激光在聚酰亚胺(PI)上钻的直径 15 μm 微孔和环氧树脂上直径 50 μm 的微孔。红外或可见光激光能够较容易地对 PI 膜实现加工，但是加工用于黏结膜与铜箔的黏结剂非常困难，如丙烯酸黏结剂对热非常敏感，很难通过加工彻底去除而不留任何残余物。从图 4 - 6 可以看到，利用紫外激光烧蚀能够彻底除去盲孔中的黏结剂，底部干净平整，被烧蚀的区域内没有留下任何残余物。

　　柔性电路板是目前印刷电路板行业增长较快的子行业之一。柔性 PCB 具有配线密度高、质量轻、厚度薄、弯折性好的特点，主要应用于小型、便携、可穿戴设备上。段军等在 2009 年利用 355 nm 全固态紫外激光器在柔性电路板上通过分次加工得到了 7 μm 深的平整盲孔，并对不同加工方式得到的加工效果综合对比得到了一种优化的加工方法，能够解决传统同心圆扫描或螺旋线扫描钻孔法中微孔中心处过深的问题。国内的木森科技针对柔性 PCB 加工，利用机器视觉自动定位，打破了夹具加工精度和安装方式等限制条件，基于每一个电路单元的 Mark 点确定柔性 PCB 板的实际变形情况，并有根据地选择 Mark 点来进行紫外激光定位切割，有效解决了由于材质变形所产生的误差，其精度均控制在 ±0.05 mm 以内，切割效果如图 4 - 7 所示。此外，紫外激光器可直接用于 PCB 电路板的制作以及缺陷修补。日本富士通研究所研制的高分辨紫外激光扫描装置，利用激光直写技术，能够直接在 PCB 上绘制复杂、精细的电路图。传统的 PCB 电路板修复方法通常采用对故障发生位置进行微钻头钻孔的方式，一旦故障出现在多层电路板的夹层中，传统的修复方法很难实现精确定位，同时钻孔工艺的难度提升，电路板的废品率也随之提高。而采用紫外激光加工，可以通过使用低功率、低脉冲频率进行预加工完成精确定位，再确定常规参数完成正常加工工作，减小出错的概率。美国机器公司休斯等人利用脉冲紫外激光在有故障缺陷的 PCB 电路板上直接照射加工，在故障处形成通路连接，成功修复 PCB 板。

Mark点

图 4 – 7　柔性 PCB 板紫外激光切割效果

4.3.4　紫外激光在生物工程上的应用

从 1997 年 Hubert 研究组首次研究以准分子激光制作聚合物微流控芯片以来,激光制作微流控芯片就成了一个研究热点。微流控芯片在分析、合成及细胞培养、DNA 测序、基因突变等领域得到了广泛的应用,它基于微米级管道网络的流体控制技术,通过电渗、机械泵等为驱动,实现流体的输运,再结合功能化的单元,使流体中的组分在流动过程中分配、分离,最后通过检测器进行检测。紫外激光加工是"冷加工",紫外激光制作微流控芯片过程中直接切断分子中的化学键,材料发生分解而被去除。激光直接写入制作微流控芯片过程中无须掩模。整个制作过程灵活、快速,不需要绝对无尘室设备和高腐蚀性化学剂。由于大多数材料都能有效地吸收紫外光,因此许多材料都可以被紫外激光用来制作微流控芯片,如玻璃、石英、高分子聚合物和生物可降解的聚合材料等。中北大学的李奇思等利用 355 nm 全固态紫外激光在硼硅玻璃上直写刻蚀微通道,探究了激光能量密度、重复频率、扫描速度、扫描间距、扫描次数对刻蚀结果的影响规律。在较优的加工参数下,实现了宽度为 84.8 μm,刻蚀深度为 178 μm,底面较平整,沟道垂直度达 89.580° 的 L 形微通道的直写刻蚀,如图 4 - 8 所示。

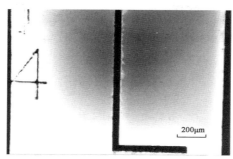

图 4 - 8　在硼硅玻璃上直写刻蚀的微通道

4.3.5　材料制备

近年来,利用激光烧蚀技术获得纳米材料取得了很大的进展。激光烧蚀法是用一束高能激光辐射靶材表面,使其表面迅速加热融化蒸发,随后冷却结晶生长的方法。利用紫外激光进行烧蚀有三大优势:一是制备周期短;二是紫外激光能被多种材料吸收,如陶瓷、金属、聚合物等;三是具有非常小的热影响区,减少了制备材料中的熔融小颗粒和靶材碎片。这些在激光引起的爆炸过程中喷溅出来的熔融小颗粒和靶材碎片,大大降低了制备的材料质量。激光烧蚀法的工作原理是将激光束经透镜聚焦后,在焦点附近产生足以融化所有材料的高温,此时激光主要是作为局部能源,当激光照射到靶材表面时,部分入射光被吸收,只要表面吸收的激光能量超过蒸发温度,靶材就会融化蒸发出大量原子、电子和离子,从而在靶材表面形成一个等离子体。当激光移走后,等离子体会先膨胀再迅速冷却,其中的原子就在靶对面的收集器上凝结起来,这样就能获得所需的纳米薄膜和纳米材料,如图 4 - 9 所示。

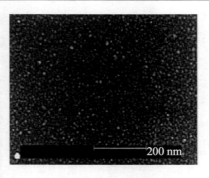

图 4 – 9　纳米 Si 薄膜

4.3.6　紫外激光修复单晶硅变质层

　　日本的阎纪旺在特定条件下利用纳秒脉冲激光照射单晶硅表面,对单晶硅加工表面的变质层进行修复,实现了非晶层的单结晶化和位错的完全消失。该方法使无缺陷的单晶硅表面的生成成为可能。

　　单晶硅是最重要的半导体材料,表面抛光的过程中形成了数百纳米的加工变质层,对基板性能的影响很大。现在主要用化学机械研磨(CMP)进行加工变质层的去除,但是变质层不能完全去除,且存在效率低、精度低和产生环境污染等问题。通过将脉冲宽度为几纳秒的 Nd:YAG 激光二次谐波照射到单晶硅加工面上,能够实现将加工变质层中的相变和位错等统一修复为完整的单晶硅结构。

　　单晶硅的加工变质层通常由非晶层和错位层两个层构成,该技术的原理如图 4 – 10 所示,即利用加工变质层部分的激光吸收率明显高于基体区域,以纳秒速度将变质层的非晶部分熔化,将错位向液相和固相的界面移动,然后以无位错的基体区域为种子,以纳秒速度的液相向外生长,晶体结构中的缺陷完全修复,获得了与基体完全相同的单晶体结构。

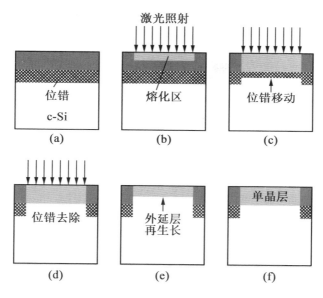

图 4 – 10　激光修复单晶硅变质层的原理

图 4 – 11 所示为激光修复变质层的 TEM 图。从图4 – 11可以看出,激光照射部的晶体缺陷的非晶层和位错层被修复为结晶。该方法为变质层修复提供了一种新的技术。

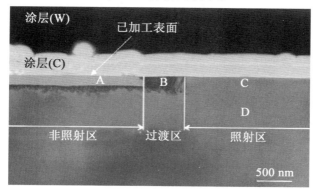

图 4 – 11　激光修复变质层的 TEM 图

4.3.7 微细结构加工

德国海德尔堡器械微技术公司的 Peter 等人开发了微三维结构高精密激光加工机床,用波长 355 nm 的紫外线在陶瓷等高硬度材料上用分层去除的方法,得到了图 4 – 12 和图 4 – 13 所示的微三维结构,每次去除深度为 1.3 μm,结构总深度为 150 μm。

(a)   (b)

图 4 – 12　紫外激光在 WC/Co 材料上加工微结构图片

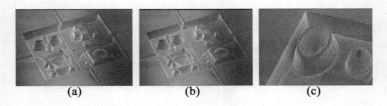

(a)   (b)   (c)

图 4 – 13　利用紫外 Nd:YAG 激光在 WC/Co 上加工的微三维结构

利用紫外波长特性实现对聚合物、陶瓷、玻璃和半导体等非金属材料进行的钻孔、打标、光刻、表面处理以及直接成型 MEMS 器件等多种微细加工。麻省理工学院利用聚焦氩离子激光在硅材料上在氯气环境内刻蚀的微流体开关装置(最大刻蚀深度为 40 μm)和利用准分子激光直写技术获得立体结构如图 4 – 14 所示。

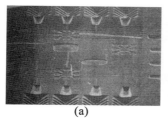

(a)　　　　　　　　　　　　(b)

图 4 – 14　准分子激光加工的硅微流体开关装置和立体结构

利用振镜来调整激光束和工作台的协调运动以及掩模加工技术,可用于多种微细结构的,如微小盲孔的加工、燃料喷射器上的小孔、空气传感器上的小孔、太阳能电池上的微小缝隙加工及 MEMS 的快速成型制造等,如图 4 – 15 所示。

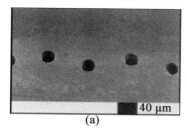
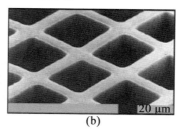

(a)　　　　　　　　　　　　(b)

图 4 – 15　采用静态掩模技术在有机聚合物上加工微小结构

4.3.8　紫外激光加工通信用微细结构

近年来,通信领域取得了许多进展,其中最重要的是开发出具有多种光学功能的集成设备——集成电路(IC)的光学等效物。和集成电路相似,这些集成光学器件需要在高速下运行,性能优越且成本较低。在通信行业中,使用的材料主要包括磷化铟(InP)和砷化镓(GaAs),以及铌酸锂($LiNbO_3$)。其中,磷化铟和砷化镓用于光调制器、半导体激光器和半导体放大器,铌酸锂用于光调制器。如果要实现集成这些光学器件,需要在光学芯片上加工相应微结构。但是上述三种材料是相对新的材料,和目前存在的化学蚀刻技术不兼容,因此需要新的、可靠的加工方法。紫外激光微细加工的"干"加工属性、加工方式灵活(可以加工二维和三维图形)、高精度、选择性蚀除材料、成本合适等特点能够很好地满足上述加工要求。此外,激光加工和化学蚀除加工相比具有绿色环保的突出优势,能够满足越来越严格的环保要求。图4-16~4-19所示为紫外激光加工通信用微结构的图片。

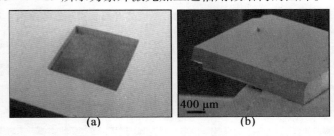

图 4-16 355 nm 的 Nd:YVO₄ 激光切割铌酸锂

图 4-17 355 nm 的 Nd:YVO₄ 激光切割磷化铟

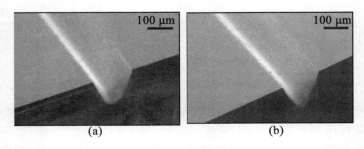

图 4-18 248 nm 的准分子激光在铌酸锂上加工的微槽

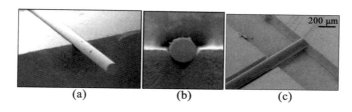

图 4 - 19　光纤放置在微槽上及定位耦合

　　通信工业中三种重要光学材料可以通过紫外激光进行加工，其中激光加工与传统的刻蚀方法不同，不受晶体取向的影响。紫外固体激光器和准分子激光器的结合可以用来加工无源光纤和波导的排列结构，上述加工方法适用于广泛的光子学器件。

　　经过几十年的研究和发展，紫外激光微加工技术已经在多个制造行业获得了应用，在半导体行业、光电行业、生物医疗等领域实现了多种材料的微加工，发展出了紫外激光钻孔、刻蚀、切割等多种精细加工工艺。

第5章 激光微细加工的波长优化

随着固体激光器的研究开发,特别是其在激光微细加工上表现出越来越多的优点,其应用也越来越广泛,例如加工 LED 衬底蓝宝石、玻璃等透明材料和单晶硅、砷化镓等半导体材料,刻蚀电路板,加工微小盲孔等。激光和材料作用机理是激光得到广泛应用的理论基础。对于红外和近红外激光和材料作用机理,国内外学者已进行了大量的研究工作,对其烧蚀机理已有了深入且全面的认识。本章阐述多波长固体激光加工材料波长优化,同时对波长在激光微细加工中的作用进行了综合评价。基于激光设备的转化效率和材料对 Nd:YAG 激光基波及其倍频波长激光的吸收率,计算不同波长激光加工材料的加工效率来估算激光加工的优化波长。

5.1 激光加工金属材料的波长优化

5.1.1 金属材料的吸收率

激光波长对金属材料吸收激光的多少有着非常大的作用。激光入射到材料表面时,一部分被材料表面反射,一部分被材料吸收,另一部分通过材料进行透射。在激光传播过程中,满足能量守恒定律,则有式(5-1)成立,即

$$E_0 = E_1 + E_2 + E_3 \tag{5-1}$$

式中　E_0——入射到材料表面的激光能量;

　　　E_1——被材料反射的能量;

　　　E_2——被材料吸收的能量;

E_3——激光透过材料后仍保留的能量。

通过化简,式(5-1)可转化为

$$R + A + \alpha = 1 \qquad (5-2)$$

式中　R——反射率;

　　　A——透射率;

　　　α——吸收率。

R、A、α 的值可由材料的光学常数或复数折射率的测定值进行计算。

金属对激光的吸收与波长、材料特征、温度、表面情况(有无涂层)和激光的偏振特性等诸多因素有关。

非金属与金属不同,它对激光的反射率比较低。对应的吸收率比较高,而且非金属的结构特性决定了它对激光波长有强烈的选择性。绝缘体和半导体在不受激发时仅存在束缚电子,束缚电子具有一定的固有频率。当入射光波频率等于或接近材料内束缚电子的固有频率时,束缚电子发生谐振,辐射出次波,形成较弱的反射波和较强的透射波。在该谐振频率附近,材料的吸收系数和反射比均增加,出现反射和吸收高峰;而在其他频率下,均一的绝缘体和半导体按其本性应该是透明的,具有较低的反射比,其吸收系数也较小。

金属材料具有不可穿透性,因此式(5-2)可简化为

$$A = 1 - R \qquad (5-3)$$

材料表面的反射率可以通过材料的折射系数(n)和消光系数(k)通过式(5-4)计算得到,即

$$R = \frac{(n+1)^2 + k^2}{(n+1)^2 + k^2} \qquad (5-4)$$

将式(5-4)代入式(5-3)得

$$A = \frac{4n}{(n+1)^2 + k^2} \qquad (5-5)$$

通过式(5-5)及查阅参考资料中金属材料的折射系数和消

光参数,可以计算得到部分金属材料的吸收率,如图 5-1 所示。从图 5-1 中可以看出,大部分金属在短波长具有很高的吸收率,特别是激光波长小于 300 nm 时。

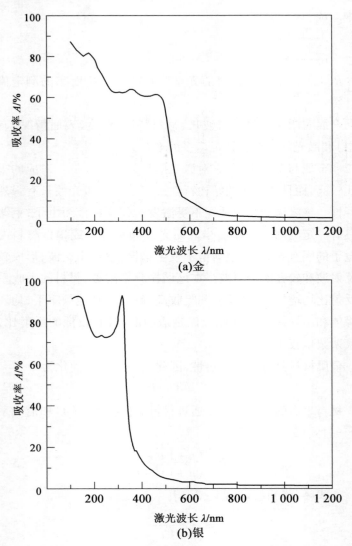

(a)金

(b)银

图 5-1　部分金属材料对应不同波长激光的吸收率

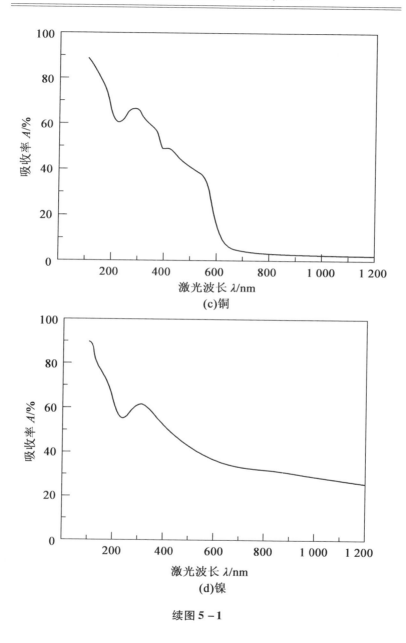

(c)铜

(d)镍

续图 5-1

5.1.2 加工效率

由于非线性晶体进行频率转化时存在一定的能量损失,因此短波长激光的转化效率较低。金属对短波长高吸收率补偿了部分频率转化过程的能量损失。在激光加工中,只有被金属材料吸收的激光能量用于加工。本节中所提到加工效率 η 只是从能量的角度来评价加工,可以通过频率转化效率和材料的吸收率计算得到,利用式(5-6)进行计算,即

$$\eta = A \cdot \beta \qquad (5-6)$$

将式(2-1)计算得到不同频率激光转化过程中的转化效率和图5-1中部分金属对不同波长激光的吸收率代入式(5-6),计算得到不同波长固体激光加工部分金属的加工效率,见表5-1。从表5-1中可以看出,对于不同的金属,激光加工的最优波长是不同的,例如金、银和铜,对应的最高加工效率是 Nd:YAG固体激光基波的三倍频、四倍频和二倍频激光。对于其他的金属材料例如镍,激光加工这些材料的最优波长是 Nd:YAG 激光的基波波长。

表5-1 Nd:YAG 固体激光加工部分金属材料的加工效率

材料	波长/nm				
	213	266	355	532	1 064
金	4.80	8.29	15.92	9.62	2.05
银	4.78	9.65	5.82	1.85	2.59
铜	3.98	8.62	14.51	15.96	2.75
镍	3.78	7.47	14.34	16.43	27.41
钨	2.35	7.02	12.82	20.77	39.75
铝	0.22	0.48	0.97	1.90	3.32

5.2　激光加工半导体和绝缘体的波长优化

半导体和绝缘体材料在工业中有着广泛的应用。近些年来,作为一种有效、精密和灵活的加工方式,激光加工半导体和绝缘体材料得到了快速的发展。激光加工金属的波长优化已经在 5.1 节进行了说明。从激光加工能量的角度看,激光加工的优化波长是通过计算激光加工的最高效率得到的。对于大多数的金属而言,激光加工的优化波长是 Nd:YAG 固体激光的基波波长,只有少数金属的激光优化波长是 Nd:YAG 激光的倍频波长。

对于不透明的材料,例如金属,激光照射材料表面只是材料表面的几层原子吸收,因此金属的吸收率能够通过材料表面的反射率简单进行计算。不同于金属材料,半导体和绝缘体材料不仅要考虑材料的反射率,还要考虑材料对不同波长激光的透射性。半导体和绝缘体材料对于不同波长激光的透射性不同,因此计算半导体和绝缘体材料的吸收率时要考虑材料的透射性。

不同材料在不同波长范围具有不同的光学特征。材料的光学特征主要通过反射率(R)、透过率(T)和吸收率(α)三个主要参数进行表示。材料的吸收率对激光加工来说是非常重要的参数。

对于很多固体材料如半导体和绝缘体材料,不同波长的透过率需要在分析中进行考虑。材料的吸收率可通过式(5 - 2)计算得到。

对任何一种材料,当入射激光以能量密度 F_{I} 垂直入射到材料的表面时,可以分成反射光束 F_{R}、吸收光束 F_{A} 和透射光束 F_{T},如图 5 - 2 所示。

照射材料的激光束能量可通过反射光束能量、透射光束能量和吸收光束能量之和来表示,即

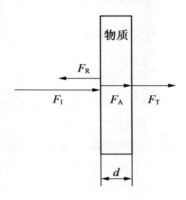

图5-2　激光照射材料表面而产生的反射光束、透射光束和吸收光束的示意图

$$F_I = F_T + F_A + F_R \tag{5-7}$$

式(5-7)中的反射光束能量、透射光束能量和吸收光束能量将在下面部分进行说明。

5.2.1　半导体和绝缘体材料的反射率和吸收系数

激光束照射到材料表面,一部分光束会被材料表面反射,其他部分会穿透材料。假设透过材料的最大能量密度是F_m,且可用式(5-8)表示,即

$$F_m = F_I - F_R = F_I(1 - R) \tag{5-8}$$

入射到材料表面的反射率可以通过折射系数(n)和消光系数(k)代入式(5-5)计算得到。利用式(5-5)和固体材料手册上查的材料的折射系数和消光系数,计算得到了部分半导体材料如单晶硅(Si)、单晶锗(Ge)、砷化镓(GaAs)和碳化硅(SiC)以及部分绝缘体材料如金刚石(C)、氮化硅(Si_3N_4)、二氧化硅(SiO_2)和氧化钛(TiO_2)的表面反射率,如图5-3和图5-4所示。

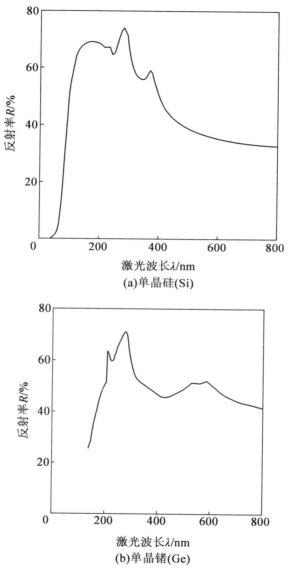

(a)单晶硅(Si)

(b)单晶锗(Ge)

图 5 - 3 部分半导体材料的反射率

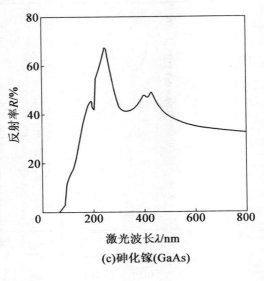

(c)砷化镓(GaAs)

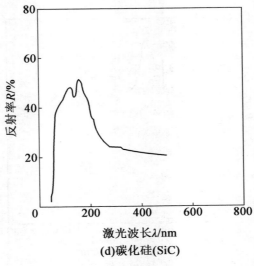

(d)碳化硅(SiC)

续图 5－3

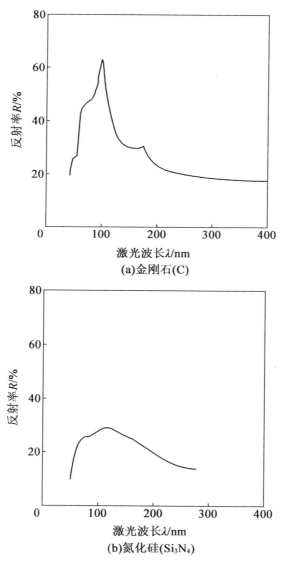

(a)金刚石(C)

(b)氮化硅(Si₃N₄)

图 5 - 4　部分绝缘体材料的反射率

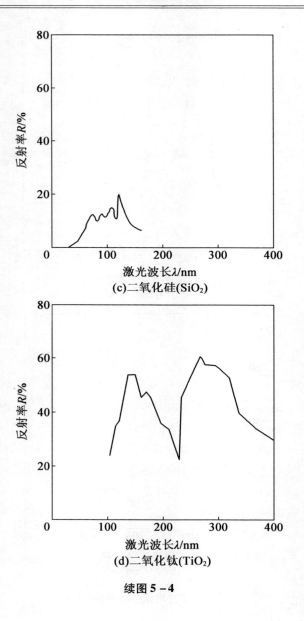

(c)二氧化硅(SiO₂)

(d)二氧化钛(TiO₂)

续图 5 – 4

和金属材料相反,半导体和绝缘体材料在紫外和深紫外波段具有很高的反射率。另外,激光在穿透材料的过程中,还有一部分激光束被材料吸收。根据朗伯比尔定律(Lambert – Beer's Law),当一束光能量为 F_m 穿过透明厚度为 d 时,其能量的衰减可以用式(5 – 9)表示,即

$$F = F_m \exp(-\alpha d) \tag{5 – 9}$$

式中　α——材料的吸收系数。

材料的吸收系数可以通过激光的波长(λ)和消光系数(k)代入式(5 – 10)得到,即

$$\alpha = \frac{4\pi k}{\lambda} \tag{5 – 10}$$

通过查找部分半导体绝缘体材料的消光系数,代入式(5 – 10)就可得到部分半导体和绝缘体材料的吸收系数,如图 5 – 5 和图 5 – 6所示。

从图 5 – 5 和图 5 – 6 中可以看出,材料对不同波长激光的吸收系数是不同的。从图 5 – 5 中可看出,对于单晶硅和砷化镓,在波长为 100～400 nm 具有最高的吸收系数,为 10^6 cm^{-1},而对于碳化硅而言,其具有最高的吸收系数是在波长从 70 nm 到200 nm。超出了上述波长范围,材料的吸收系数下降得非常快。从图 5 – 6 中可以看出,对于金刚石和氮化硅,在波长为 50～170 nm 具有最高的吸收系数,为 10^6 cm^{-1},而对于二氧化硅而言,其具有最高的吸收系数是在波长从 50 nm 到 130 nm。

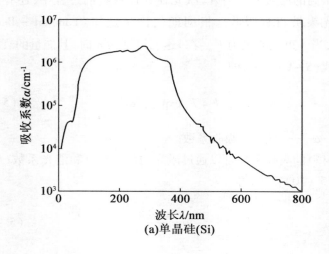

(a)单晶硅(Si)

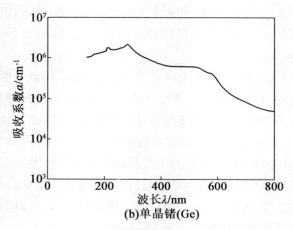

(b)单晶锗(Ge)

图 5 – 5   部分半导体材料的吸收系数

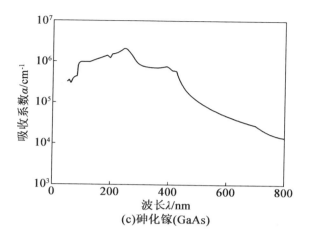

(c)砷化镓(GaAs)

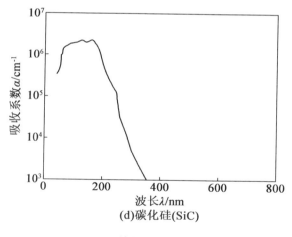

(d)碳化硅(SiC)

续图 5 - 5

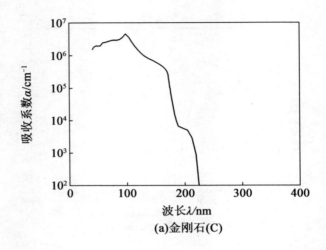

(a)金刚石(C)

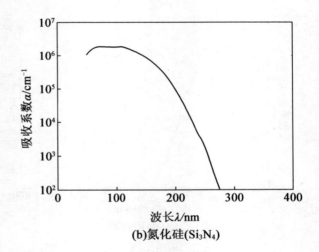

(b)氮化硅(Si₃N₄)

图 5 - 6　部分绝缘体材料的吸收系数

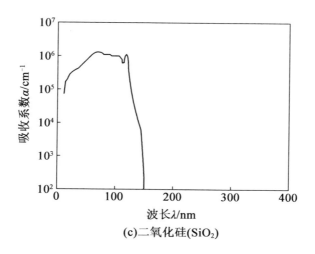

(c)二氧化硅(SiO₂)

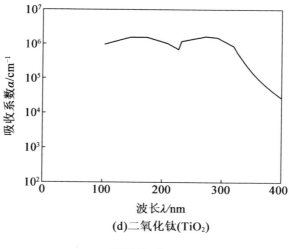

(d)二氧化钛(TiO₂)

续图 5 – 6

5.2.2　半导体和绝缘体材料的吸收率

能量密度为 F_I 的激光照射到材料表面,可以产生能量密度为 F_R 的反射光束、能量密度为 F_A 的被吸收光束和能量密度为 F_T 的透射光束。其中,吸收光束能量 F_A 用于材料的加工。当材料的穿透深度为 d 时,被吸收光束的能量密度 F_A 可表示为

$$F_A = F_m - F_T = F_m(1 - \exp(-\alpha d)) \tag{5-11}$$

将式(5-8)代入式(5-11),可得

$$F_A = F_I(1 - R)(1 - \exp(-\alpha d)) \tag{5-12}$$

根据式(5-12),可得到材料的吸收率为

$$A = (1 - R)(1 - \exp(-\alpha d)) \tag{5-13}$$

式中　$A = F_A/F_I$。

吸收率随着深度(d)的增加而增加,当深度增大到无穷时,吸收率变为

$$A = 1 - R \tag{5-14}$$

根据式(5-14)计算了单晶硅在穿透深度为 1 nm、10 nm、100 nm、1 μm、10 μm、≥100 μm 穿透深度的吸收率,如图 5-7 所示。

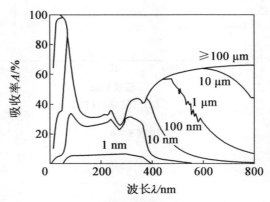

图 5-7　单晶硅在不同厚度的吸收率

　　为了分析材料表面的激光加工,通过式(5 - 13)计算了部分半导体材料和绝缘体材料在穿透深度为 10 nm 的吸收率,结果如图 5 - 8 和图 5 - 9 所示。从图 5 - 8 和图 5 - 9 中可以看出,半导体和绝缘体材料的高吸收率是在紫外和深紫外波长波段,和这些材料具有高吸收系数的波长波段是一样的。

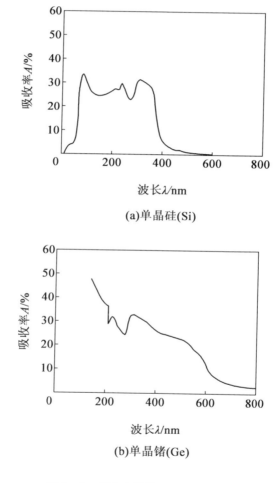

(a)单晶硅(Si)

(b)单晶锗(Ge)

图 5 - 8　部分半导体材料的吸收率

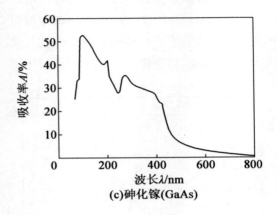

(c)砷化镓(GaAs)

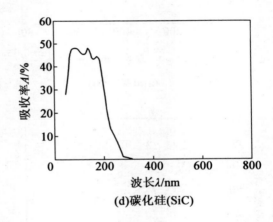

(d)碳化硅(SiC)

续图 5-8

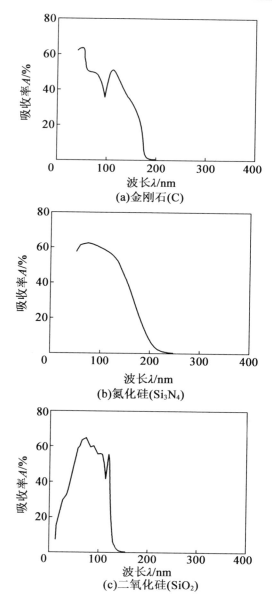

(a)金刚石(C)

(b)氮化硅(Si₃N₄)

(c)二氧化硅(SiO₂)

图 5－9 部分绝缘体材料的吸收率

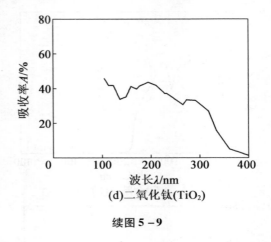

(d)二氧化钛(TiO₂)

续图 5 – 9

5.2.3 激光加工半导体和绝缘体材料的加工效率

通过建立的无机材料自身固有吸收率的显示定量方程以及基于激光设备的转化效率和无机材料对 Nd:YAG 固体激光基波及其倍频波长光的吸收率,并通过计算不同波长激光加工无机材料的加工效率对激光加工的优化波长进行了估算。对于不同的半导体和绝缘体材料,激光加工的优化波长是不同的。对于大部分半导体材料,见表 5 – 2,激光加工的优化波长是 Nd:YAG 固体激光基波的二倍频和三倍频的激光波长。对于大部分绝缘体材料,见表 5 – 3,激光加工的优化波长是 Nd:YAG 固体激光基波波长的四倍频、五倍频以及更高倍频的激光波长。半导体材料和绝缘体材料的激光加工的波长是越短越好。

表 5 – 2　Nd:YAG 固体激光加工部分半导体材料的加工效率

材料	波长/nm				
	213	266	355	532	1 064
Si	1.774	2.945	6.951	0.265	—

续表 5 - 2

材料	波长/nm				
	213	266	355	532	1 064
Ge	1.936	3.315	7.560	8.523	0.820
GaAs	2.202	4.594	7.323	1.933	—
CdTe	—	4.773	6.917	2.298	—
InP	2.349	4.691	7.448	2.609	—
InAs	2.495	4.157	7.274	5.255	—
InSb	2.084	3.950	3.517	8.740	2.216
PbTe	2.100	3.654	5.578	8.344	7.652
PbS	2.540	4.546	7.566	7.448	3.671
GaP	2.056	4.561	3.332	0.003	—
ZnS	2.693	2.097	0.675	—	—
SiC	1.330	0.240	0.019	—	—

表 5 - 3　Nd:YAG 固体激光部分绝缘体材料的加工效率

材料	波长/nm			
	213	266	355	532
SiO_2	1.877	2.528	1.866	0.264
TiO_2	2.666	4.052	1.889	—
金刚石	0.016	6.80×10^{-6}	4.32×10^{-6}	—
Si_3N_4	0.215	7.88×10^{-3}	—	—
$LiNbO_3$	2.451	0.744	—	—
KCl	—	—	4.32×10^{-9}	—
LiF	—	—	3.70×10^{-7}	—
NaCl	—	—	4.87×10^{-9}	—
As_2S_5	—	—	—	8.40×10^{-5}

第 6 章　紫外固体激光微细加工单晶硅

　　随着微制造技术的发展,单晶硅(Si)在半导体工业中的应用日趋广泛,在微机电系统领域中不仅需要平面硅片,也需要 Si 梁、Si 桥和探针臂等结构件。实现高速和高质量加工单晶 Si 是目前研究的热点。激光加工作为一种有效的加工方法受到越来越多的关注。激光加工中,影响加工质量的因素很多,如激光波长、脉冲能量、脉冲宽度等。近些年来,随着半导体泵浦激光技术和非线性光学的不断发展,不同波长的固体激光在材料加工领域的应用越来越多。激光波长对激光加工的影响规律的研究也越来越多。Namba 等通过对不同波长 Nd:YAG 固体激光在不同材料表面的反射与吸收以及激光在倍频时转换效率的研究,对比分析了不同波长激光烧蚀材料的加工效率,对激光加工中波长选择进行了优化。但激光和材料作用的过程是十分复杂的,波长的优化不仅受被吸收光以及晶体转换效率的影响,还受到激光照射过程中激光和材料作用的影响。Tunna 等对 1 064 nm、532 nm、355 nm 波长调 Q 固体激光烧蚀金属铜进行了研究,得到不同波长固体激光烧蚀金属铜的最大蚀除深度分别为 2.21 μm/脉冲(1 064 nm)、13.3 μm/脉冲(532 nm)和 6.68 μm/脉冲(355 nm),而产生上述结果的原因主要是不同波长激光在金属铜表面的不同反射率和形成的等离子体机制不同。另外,不同波长激光加工材料的加工特征也不同,Okamoto 等利用倍频的 YAG 激光微细加工 SiC 和 AlN 陶瓷材料,对其加工特征进行了研究,其结果表明在真空中比在空气中加工效率高,烧蚀区域周围存在氧化层,而在 266 nm 波长激光加工时材料被氧化的程度较高。近些年来,由于激光在多个领域内的应用越来越多,国内学者对于不同波长激光加工材料的研究也越来越多。高卫东等对单晶 Si 的 1 064 nm 波长 Nd:YAG脉冲激光损伤特性进行了研究,其研究结果表明,在 1 064 nm单脉冲激光作用下,单晶 Si 主要表现为热作用下熔融烧蚀破坏;而在自由脉冲激光作用下,单晶 Si 在较低能量密度照射下表现为热－力耦合作用下的解离剥蚀破坏,而能量密度较高时,为熔融破坏技术。包凌东等研究了 355 nm 纳秒紫外重复脉冲激光烧蚀单晶 Si 的热力学过程,对整个烧蚀过程进行了观测,其结果表明紫外激光加工 Si 是基于热、力效应共同作用的结果,热效应提供了材料被去除的条件,力效应加大了烧蚀深度和孔径比,而等离子体的产生对烧蚀过程有一定的限制作用。俞君等对比分析了紫外和红外两种激光对材料加工的影响规律,得出了紫外激光在加工中具有明显的优势。张菲等对 355 nm 和 1 064 nm 全固态激光器刻蚀印刷电路板进行了研究,得出不同波长激光可用来加工印刷电路板的不同部分,主要受激光波长的影响。此外,不同波长固体激光在蓝宝石晶圆划切、陶瓷材料加工和半导体芯片切割等领域有着广泛的研究和应用。由此可见,激光波长对决定激光加工的质量有着很重要的作用,而且不同波长激光在材料表面的吸收特征和烧蚀特征直接影响激光加工的质量。本章主要介绍了非线性光学晶体对 Nd:YAG 产生的基频 (1 064 nm)激光进行倍频,进行 532 nm、355 nm、266 nm 波长激光烧蚀单晶 Si 的试验,研究了单晶 Si 对不同波长固体激光的吸收规律和三种不同波长固体激光烧蚀单晶 Si 的烧蚀特征,对紫外激光烧蚀单晶 Si 的机理进行了探讨,对紫外激光在单晶 Si 上加工微结构进行了介绍。

6.1 波长优化的试验设备和方法

试验中用非线性光学晶体倍频 Nd:YAG 激光产生的532 nm、

355 nm、266 nm 波长激光进行烧蚀单晶 Si 的研究,系统结构图如图6－1和图6－2所示。激光器为泵浦灯泵浦的 Nd：YAG 固体激光器,经过调 Q 后,脉冲宽度为几纳秒,重复频率为 3 Hz,基波时单脉冲最大能量为 1 mJ。激光烧蚀时,脉冲数量通过计算机控制激光器电源来实现,激光脉冲能量利用激光器电源和中性滤波片进行调整。试验过程中,工件放在密闭的真空腔中,利用分子涡轮泵抽取真空,真空腔的真空度可达 10^{-6} torr[①]。激光束通过焦距为 50 mm 的透镜聚焦后垂直入射在工件的表面。被照射后的工件放在装有乙醇的超声波清洗仪中进行清洗,通过扫描电子显微镜(SEM)进行表面形貌的观测。试验中使用的 Si 为 p 型(100)。

ND：YAG 固体激光器可产生 1 064 nm 波长范围的连续和脉冲激光。利用非线性光学晶体,可将 Nd：YAG 固体激光进行多次倍频,得到不同波长的激光。本试验中进行了基频的二次、三次和四次倍频。本试验中利用 KTP 和 KD * P 非线性光学晶体实现激光频率转换。首先,从 Nd：YAG 谐振腔中发出的基波(ω：1 064 nm)经过非线性光学晶体 KTP 进行二次倍频(2ω：532 nm),得到波长为1 064 nm和波长为 532 nm 的激光,经过分光镜滤除波长为1 064 nm 的激光,得到波长为 532 nm 的激光;其次,把波长为 532 nm 的激光经过非线性光学晶体 KD * P 进行二次倍频(4ω：266 nm),可以得到波长为 532 nm 和 266 nm 的激光,经过分光镜滤除波长为 532 nm 的激光,得到波长为 266 nm 的激光;第三,为了得到 355 nm 波长的激光,从非线性光学晶体 KTP 出来的同时具有1 064 nm 和 532 nm 的激光束直接再经过非线性光学晶体KD * P,可以得到光束的和倍频(3ω：355 nm),因此,可得到波长为 1 064 nm、532 nm 和 355 nm 的激光,经过分光镜滤除波长为1 064 nm 和 532 nm 的激光,得到波长为355 nm 的激光。

---

① 1 torr = 133.322 Pa。

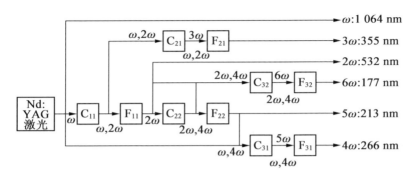

图 6 - 1　Nd:YAG 激光波长频率转化示意图

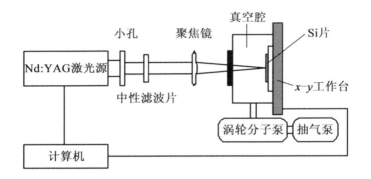

图 6 - 2　紫外激光微细加工单晶 Si 系统示意图

6.2　单晶 Si 对不同波长激光的吸收

单晶 Si 对不同波长激光的反射率(R)和吸收系数(α)可通过式(6 - 1)和式(6 - 2)算得,所得结果如图 6 - 3 和图6 - 4所示。从图 6 - 3 和图 6 - 4 中可以看出,在紫外区域光的反射率要明显高于其他的区域。在波长从 100 nm 到 370 nm 的区域,单晶 Si 对激光的吸收系数是最高的。

$$R = \frac{(n-1)^2 + k^2}{(n+1)^2 + k^2} \qquad (6-1)$$

$$\alpha = \frac{4\pi k}{\lambda} \qquad (6-2)$$

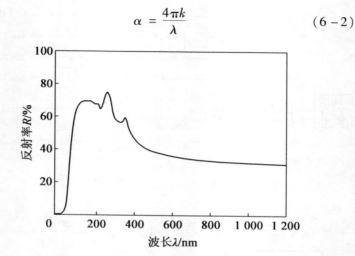

图 6 - 3　单晶 Si 的反射率

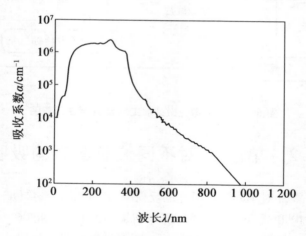

图 6 - 4　单晶 Si 的吸收系数

式中　R——反射率;

　　n——折射率的实数部分;

　　k——折射率或者吸收率的虚数部分;

　　α——吸收系数；

　　λ——激光波长。

　　因为单晶 Si 对于激光的吸收系数受波长的影响很大，且单晶 Si 不仅在表面对激光进行吸收，而且在内部对激光也有吸收。激光微细加工被认为是在工件表面上很薄的一层上进行的工艺过程。通过计算可以得到在离工件表面 10 nm、5 nm 和 1 nm 的吸收率，计算结果如图 6－5 所示。从图 6－5 中可以看出，单晶 Si 对激光的吸收率在紫外区域较高，特别是波长范围从 100 nm 到 370 nm 的激光。

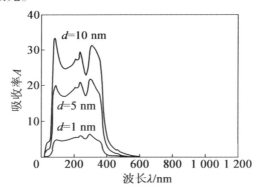

图 6－5　单晶 Si 在不同深度对激光的吸收率

6.3　紫外固体激光烧蚀单晶 Si 的烧蚀特征

　　利用非线性光学晶体获得 532 nm、355 nm 和 266 nm 波长激光后，用不同的脉冲能量（E_p）和脉冲数量（N）的激光对放置在真空腔中的单晶 Si 试件进行照射。照射后，将试件放在装有酒精的超声波清洗仪中进行清洗后，利用扫描电子显微镜对试件进行观测。532 nm、355 nm 和 266 nm 波长激光烧蚀单晶 Si 的观测结果分别如图 6－6、图 6－7 和图 6－8 所示。在图中，图片左侧为单脉冲能量(E_p),图片上方的数量(N)为照射的脉冲数量,图中的每个小图片对应于不同脉冲能量和脉冲数量照射的结果。

从图6-6~6-8中,三种不同波长激光烧蚀单晶Si表现出一些相同的现象和规律。烧蚀区域的直径随着脉冲能量的增加而变大,而脉冲数量对于烧蚀区域的直径的改变不大。当激光脉冲能量较小时,少量的脉冲数量照射可得到较好的加工效果,烧蚀区域内的熔融物质容易排出,但是滞留在烧蚀区域的周围。随着脉冲数量的增加,烧蚀区域的深度增加,熔融物的排出变得困难,部分滞留在烧蚀区域中,烧蚀区域的质量变坏。

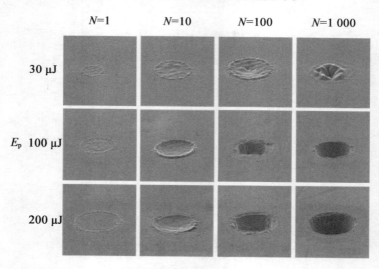

图6-6 532 nm波长激光烧蚀单晶Si的SEM图片(标尺:30 μm)

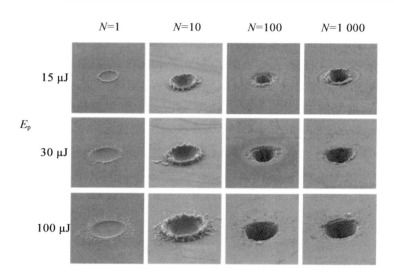

图 6 - 7　355 nm 波长激光烧蚀单晶 Si 的 SEM 图片 (标尺 : 20 μm)

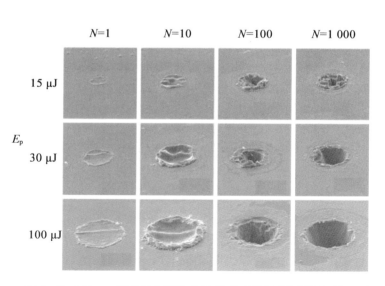

图 6 - 8　266 nm 波长激光烧蚀单晶 Si 的 SEM 图片 (标尺 : 20 μm)

三种不同波长激光烧蚀单晶 Si 的最低单脉冲能量不同。在图 6 - 6 中,532 nm 波长激光烧蚀单晶 Si 所需要的最低单脉冲能量为 $E_p = 30$ μJ,在图 6 - 7 和图 6 - 8 中,355 nm 和 266 nm 波长激光烧蚀单晶 Si 所需要的最低单脉冲能量为 $E_p = 15$ μJ,二者之间呈现 2 倍的关系。这主要是由于单晶 Si 对三种不同波长激光的吸收率、破坏机理以及烧蚀阈值不同。在 6.3 节中,通过计算和分析可知,单晶 Si 对波长范围从 100 nm 到 370 nm 的激光有着很高的吸收率。三种不同波长激光的单光子能量不同,而 355 nm 和 266 nm 波长激光的单光子能量要大于 532 nm 波长激光的单光子能量,且大于单晶硅的结合键能,这使得烧蚀过程中光热蚀除和光化学蚀除占有比例不同,三种不同波长激光烧蚀单晶 Si 的最低单脉冲能量不同,但是,三种不同波长激光烧蚀单晶 Si 中光热蚀除和光化学蚀除还有待深入地研究。另外,三种不同波长激光烧蚀单晶 Si 的烧蚀阈值对烧蚀单晶 Si 的最低单脉冲能量也起着一定的作用,三种不同波长激光烧蚀单晶 Si 的烧蚀阈值在 6.5 节中进行了详细的说明。

当激光脉冲能量较高时,少量的脉冲数量照射时(如 $N = 1$),烧蚀区域的质量较好,熔融物质被从烧蚀区域中被排出,但堆积在烧蚀区域的周围。当脉冲数量增加到在一定范围内时($N = 25 \sim 250$),烧蚀区域及其周围的加工质量变差。这是由于烧蚀孔的形成,影响了熔融物的排出,堆积在烧蚀孔内和孔的周围,因此烧蚀孔的质量变差。随着脉冲数量的不断增加($N > 500$),烧蚀孔内及其周围的质量变好。

由此可见,脉冲数量对于加工质量有着比较明显的影响。在加工过程中应该选择合理的脉冲数量以达到加工的目的。在脉冲数量较多时,可明显改善烧蚀孔内及其周围的质量,主要是激光的高斯光束进行二次加工的效果,二次加工使得烧蚀孔内的熔融物重新被烧蚀去除,烧蚀孔及其周围的表面质量得到改善。但照射过程中熔融物质从烧蚀孔内的排出及孔周围的去除还需要进行深入研究。

6.4　紫外固体激光烧蚀单晶 Si 的烧蚀阈值

532 nm 波长激光烧蚀单晶 Si 所需要的最低单脉冲能量为 $E_p = 30\ \mu J$，355 nm 和 266 nm 波长激光烧蚀单晶 Si 所需要的最低单脉冲能量为 $E_p = 15\ \mu J$。主要是由于单晶 Si 对三种不同波长激光的吸收率、破坏机理以及烧蚀阈值不同。532 nm、355 nm 和 266 nm 波长激光烧蚀单晶 Si 的烧蚀阈值可通过计算得到。

选择不同单脉冲能量的激光照射单晶 Si 表面，经 SEM 检测得到烧蚀区域的直径数据，通过数值拟合计算可以得到激光烧蚀材料的烧蚀阈值。

对于高斯光束，其空间能量密度分布 $F(r)$ 可表示为

$$F(r) = F_0 e^{2r^2/\omega_0^2} \tag{6-3}$$

式中　F_0——激光束的能量密度；

r——光束边缘到光束中心的距离；

ω_0——高斯光束束腰。

激光的能量密度与脉冲能量的关系为

$$F_0 = \frac{2E_p}{\pi \omega_0^2} \tag{6-4}$$

式中　E_p——激光的脉冲能量。

在激光烧蚀材料的过程中，激光烧蚀区域和光束束腰以及激光能量密度存在如下的规律：

$$D^2 = 2\omega_0^2 \ln\left(\frac{F_0}{F_{th}}\right) \tag{6-5}$$

式中　D——烧蚀区域的直径；

F_{th}——材料的烧蚀阈值。

由于激光脉冲能量和能量密度之间存在线性关系,因此可通过测量被烧蚀区域的直径以及激光脉冲能量,求出烧蚀阈值,图6-9所示为单脉冲266 nm 波长激光烧蚀单晶 Si 的烧蚀区域的直

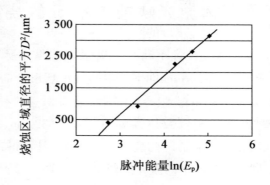

图 6 - 9 266 nm 激光单脉冲照射单晶 Si 中烧蚀孔径与激光能量

径与激光能量的关系。通过上述方法计算得到 532 nm、355 nm和266 nm 波长激光烧蚀单晶 Si 的烧蚀阈值见表 6 - 1。532 nm、355 nm和266 nm 波长激光烧蚀单晶 Si 的烧蚀阈值不同,532 nm波长激光需要的烧蚀阈值最大,355 nm 和 266 nm 波长激光的烧蚀阈值小一些。因为 355 nm 和 266 nm 波长激光的单光子能量要大于单晶 Si 中 Si—Si 键的键能(2.35 eV),因此在照射的过程中,除了光热蚀除外,还有光化学蚀除,而 532 nm 波长激光在照射的过程中,只存在光热蚀除。

表 6 - 1 532 nm、355 nm 和 266 nm 波长激光烧蚀单晶 Si 的烧蚀阈值

波长 λ/nm	532	355	266
烧蚀阈值 $F_{\mathrm{th}}/(\mathrm{J \cdot cm^{-2}})$	1.83	1.76	1.23

上述对 532 nm、355 nm 和 266 nm 波长激光真空条件下烧蚀单晶 Si 进行了研究,可以看出,单晶 Si 对激光的吸收率在紫外区域较高,特别是波长范围从 100 nm 到 370 nm 的激光;烧蚀孔的直

径随着脉冲能量的增加而变大,而脉冲数量对于孔径的改变不大,但是烧蚀区域随着脉冲数量的增加而不同。在其他条件相同条件下,532 nm 波长激光烧蚀单晶 Si 所需要的最低单脉冲能量($E_p = 30$ μJ)是 355 nm 和 266 nm 波长激光烧蚀单晶 Si 所需要的最低单脉冲能量($E_p = 15$ μJ)的两倍,主要是由于单晶 Si 对三种不同波长激光的吸收率、破坏机理以及烧蚀阈值不同;532 nm、355 nm 和 266 nm 波长激光烧蚀单晶 Si 的烧蚀阈值不同,分别为 $F_{th}(532) = 1.83$ J/cm^2、$F_{th}(355) = 1.76$ J/cm^2、$F_{th}(266) = 1.23$ J/cm^2,随着激光波长变短,烧蚀阈值变小。

6.5　紫外固体激光加工微孔时后表面层裂

激光和单晶硅烧蚀过程中的材料去除过程包括熔化、蒸发、喷射和烧蚀羽流的形成,其中部分液相材料转化成气相。一般来说,材料去除速率随激光能量密度的增加而增加。然而,随着激光能量密度的增加,由激光能量和烧蚀过程产生冲击波变强并且不断向材料内部传输,当超越一定的阈值条件下,强化的冲击波会产生内部裂缝,并导致一层垂直于应力波的材料从后表面剥落,如图 6 - 10 所示。

 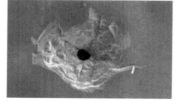

（a）入口　　　　　　　　　　（b）出口

图 6 - 10　纳秒紫外激光在单晶硅上加工微孔的入口和出口

材料后表面层裂降低了激光微细加工的质量和精度。层裂是由压缩冲击波在不对称的后表面固体空气边界处的反射引起,使得反射后压应力变成拉应力。当背向拉应力和冲击波的复合拉应力大小超过材料的层裂强度时,就会发生上述层裂现象。Ren 等研究了 5 ns 脉冲宽度下 355 nm 激光加工单晶硅时产生的后表面层裂,得到了激光能量密度和材料厚度对于后表面层裂的影响规律,提出了利用声阻抗匹配方法提高了激光微结构加工的质量和加工效果。通过在材料后表面涂抹润滑脂的方式来改善后表面的层裂,图 6 – 11 所示为采用涂抹润滑脂后的加工效果。

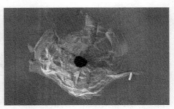

(a)后表面涂润滑脂　　　　　　(b)无润滑脂作用

图 6 – 11　通过涂抹润滑脂有效减少后表面层裂的效果

6.6　紫外固体激光和单晶硅的作用过程

6.6.1　激光和材料相互作用的物理过程

受到激光辐照的材料吸收光子后,材料内部受到激发的电子由稳态跃迁到激发态,不同波长激光的光子能量与各类材料化学键键能的关系决定了吸收光子后电子的状态也不同,从而影响激光蚀除材料的过程和最终微结构的加工质量。

激光和固体材料的相互作用首先表现为处于平衡态的电子通过吸收光子达到激发态的受激过程,受激过程的物理原理可以是单光子共振跃迁、双光子和高阶多光子跃迁、隧道电离和超势垒电离。除了单光子共振跃迁依赖于材料的吸收光谱特征是一个线性过程外,其余的均依赖于材料的非线性特征,与照射的激光强度(I_p)密切相关。当激光强度位于 $10^{12} \sim 10^{14}$ W/cm² 时,材料中的电子将同时吸收多个光子获得电离,摆脱原子的束缚。当激光强度增加到 $10^{14} \sim 10^{16}$ W/cm² 时,外界光场产生的电势将使得原子固有势垒在一定程度上得到抑制,从而导致电子通过隧道效应获得电离。当激光强度继续增加,且大于 10^{16} W/cm² 时,强场势能造成原子势垒一侧的能量明显降低,从而使得电子从原子束缚中彻底逃逸。

在电子受激电离初始化后将立刻展开一系列复杂的二次过程,并将一直持续到材料结构的最终修复,这一过程中各个不同阶段发生的时间尺度如图 6 - 12 所示。由于电子受激伴随着对材料进行一个非常短暂的相干极化过程,在 10^{-14} s 的时间范围内,通过自旋 - 自旋弛豫过程改变了受激态的相位,但它并不影响电子的能量分布,这一过程实际上就是所谓的横向弛豫。受激电子态的初始分布处于一系列不同的能级,这些占有态将通过电子 - 电子散射迅速得到改变,在 $\tau_e = 10^{-13}$ s 时,电子得到一个准热平衡状态。其中的能量服从 Fermi - Dirac 分布规律,并且拥有比周围晶格温度大得多的电子温度 T_e。

准热平衡态的电子能量最终通过向外辐射纵光学(LO)声子传递给晶格。LO 声子的辐射时间虽然只有 200 fs,但需要大量声子辐射(500 meV)的产生来减少载流子能量(1 eV),从而使得电子温度的冷却时间较长,这个电子 - 声子耦合弛豫时间为 $10^{-13} \sim 10^{-12}$ s。

接下来是声子动力学过程:起初这些声子的弛豫主要通过与其他声子模式的非和谐相互作用获得,这个过程可以建立一个 LO 声子中心非平衡聚集区,随后的弛豫主要表现为 LO 声子耦合成声学声子的辐射,最终的热平衡过程是声子依照 Bose - Einstein 规律的整个布立渊区域上的重新分步。在这一点上,激光受激材料的温度才得以定义,能量的分布以温度为特征。目前可统一的观点认为:当激光能量沉积后,在经过 $\tau_1 = 10^{-12}$ s(1 ps)的弛豫时间,能量分布才接近热平衡状态。

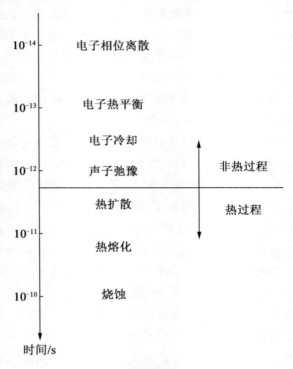

图 6 – 12　受激电子弛豫的各种过程

　　到达热平衡后,能量的空间分布以温度包络为特征,而材料的光吸收状况又使得温度梯度存在。在这种条件下,通过电子漂移或经过晶格 – 晶格耦合热量向周围进一步扩散,热扩散时间 τ_{th} 取决于材料的热扩散特征长度 δ 和热扩散系数 D,即 $\tau_{th} = \delta^2/D$,其数值为 10^{-11} s 量级。当材料中沉积的能量足够多时,将逐步到达其熔点温度,从而发生从固态到液态的相态转变。正常热熔化通过液相的形核和生长非均匀性地发生,使得相态边界逐步从液相朝固相推进。由于固 – 液相态界面移动速度的上限应为声速水平,因此熔化一层固体材料需要相当长的时间。

由上述可以看出,热平衡时间将整个激光烧蚀过程区分为非热熔过程和热熔过程,如果将激光脉冲作用的时间设为 τ_p,那么会出现不同的几种情况:

(1)当 $\tau_p \gg \tau_{th} \gg \tau_1 \gg \tau_e$ 时,即激光脉冲宽度可与热扩散时间相比或者更长,如连续、准连续或 Q 开关脉冲激光情形。由于在脉冲和材料相互作用的周期内同时包含了光能的吸收沉积、电子 – 晶格耦合以及晶格 – 晶格耦合等多种热弛豫和热扩散过程,因此材料在周期脉冲时间范围内,一方面通过不断吸收光子获得持续增多的受激电子和能量;另一方面,受激电子储存的能量又将通过声子的形式转移,转化最终通过热能形式对材料实现融化、汽化、修复和去除。同时由于热传导的影响,热能向周围环境进行大范围的扩散,最终造成作用区域边缘状态的严重热影响和热损伤。

上述情况的特点是加工处理的本质起源于入射光子 – 受激电子 – 声子转化而成的热能,材料通过固态 – 液态 – 气态的三相热熔过程得以逐步去除,并且热扩散过程会影响加工处理的质量,其加工过程如图 6 – 13(a)所示。另一方面,由于激光脉冲较长的持续时间降低了其相应的峰值功率,电子的受激过程只能依赖于单个入射光子的共振吸收,因此可加工材料的范围受到限制,影响其加工的范围和精度。

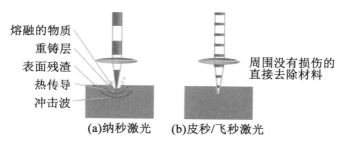

熔融的物质
重铸层
表面残渣
热传导
冲击波

周围没有损伤的
直接去除材料

(a)纳秒激光　　(b)皮秒/飞秒激光

图 6 – 13　纳秒激光和超快脉冲激光去除材料过程

(2)当 $\tau_{th} \gg \tau_l > \tau_p \gg \tau_e$ 时,即激光脉冲宽度远小于材料中的电子–声子耦合时间,这表明在激光整个持续时间内,仅需考虑电子吸收入射光子的激发和储能过程,而电子温度通过辐射声子的冷却以及热扩散过程均可以忽略。在这一领域内,激光与物质的作用实际上被"冻结"在电子受激吸收和储存能量的过程,在根本上避免了能量的转移、转化以及热能的存在和热扩散造成的影响。因此当激光脉冲入射时,吸收光子所产生的能量将在仅有几个纳米厚度吸收层迅速积聚,在瞬间内生成的电子温度值将远远高于材料的熔化甚至汽化温度,最终到达高密度、超热、高压的等离子体状态,实现了激光的非热熔性加工,如图 6 – 13(b)所示。超短脉冲激光照射固体材料表面前后在不同时间和能量范围内产生的过程如图 6 – 14 所示。

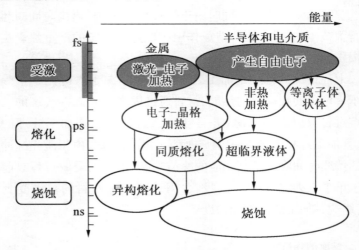

图 6 – 14　超短脉冲激光照射固体材料表面在不同时间和能量范围内产生的过程

从上述分析,关于激光和材料作用得到如下结论:在 10^{-12} s 的时间段,可以把激光和固体材料作用的过程区分为非热加工和热加工两个阶段。从超短脉冲激光和材料作用的角度来看,超短脉冲激光和材料作用可以得到很好的非热加工的效果。但在超短脉冲激光烧蚀某些结构的过程中,烧蚀所经历的时间超过了 10^{-12} s,则这个过程一定包含热加工过程。可见,脉冲宽度在激光烧蚀固体材料过程中的作用不是决定性的。但是,上述的超快机理引领了激光在材料加工方面很多新的应用。

本章主要讨论纳秒级紫外固体激光进行对单晶硅加工,有利于减小光波衍射效应和热效应作用对微孔质量的影响,能够满足小尺寸、高精密和高质量微孔的工艺要求。紫外激光与材料的作用过程非常复杂,图 6 - 15 所示为紫外激光与材料作用机理图,各过程往往同时发生并相互影响,去除材料主要的方式包括光热消融和光化学消融。

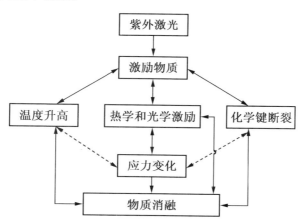

图 6 - 15 紫外激光与材料作用机理图

6.6.2 光热消融

紫外激光入射到材料表面上,到达材料内部的激光能量与电子相互耦合,当光子能量大于材料化学键键能时,两者之差即为材料中电子增加的动能。当紫外激光加工高键能材料时,材料化学键因激光光子能量不足无法产生断裂,去除材料方式为光热消融,与热扩散时间相比,纳秒紫外激光的脉冲宽度更长,材料内部利用逆韧致辐射机制吸收了光子的自由电子在经过一段弛豫时间后通过电子 – 声子、电子 – 缺陷耦合等过程将激光能量传递给晶格,光热消融的微观作用过程如图 6 – 16 所示,材料晶格与电子相互耦合由图中的双箭头表示,晶格振动加剧,宏观表现为材料表面温度上升,并迅速扩散到周围环境中,由于材料表面温度的持续升高和热量累积使材料发生熔化并汽化,温度的升高可能会使材料的物理或化学性质(如光学吸收系数、导热系数和热膨胀系数等)发生变化,同时使材料产生内部应力,应力增大至一定程度后会促使熔融材料喷溅出孔外,如图 6 – 15 的左侧虚线箭头所示,材料物化特性参数和应力变化情况都会影响材料对激光的吸收。光热消融过程通过图 6 – 15 的左半部分表示。

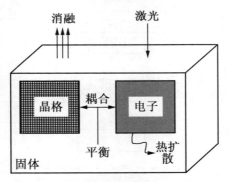

图 6 – 16　光热消融的微观过程

　　由于激光热影响区域周围的材料熔化后迅速凝固,孔内熔融材料在高温高压蒸汽作用下喷出空外落在孔边缘并凝固形成重铸层,通过 SEM 图发现用紫外固体激光在单晶硅上打孔周围有明显的抛出物,如图 6 – 6 ~ 6 – 8 所示,表明紫外固体激光加工单晶硅的过程中存在热效应,去除材料的方式以光热消融为主。

　　但在激光加工过程中产生热不一定代表光热消融起作用,可能在热量产生后因积累不足以去除材料便扩散到周围环境中,也可能因为材料被去除后带走了多余的热量,因此在分析以何种机理去除材料时不能仅通过表面状态来区分,还要检测热影响区的组成成分来确定是否存在光热消融作用。

6.6.3　光化学消融

当激光加工过程中的光子能量高于材料的结合键能时,能键吸收单光子或多光子能量导致化学键发生断裂、重组,能级跃迁或破坏晶格结构,激光加工区域的体积迅速膨胀并发生爆炸,当短时间内分子键断裂达到一定的数量时,周围环境对分子的扰动及内部振动使分子逐渐脱离材料表面,宏观表现为材料表面发生去除,这种去除材料的方式称为光化学消融。光化学消融作用时材料内部分子运动状态如图 6 - 17 所示。由于波长较短的紫外激光光子能量较大,因此光化学消融在紫外激光加工中比较显著,并且能够有效地减少激光热缺陷,普遍应用于脆硬性材料的精密及超精密加工领域中。

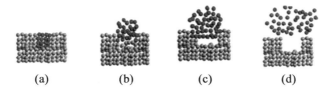

| (a) | (b) | (c) | (d) |

图 6 - 17　光化学消融微观过程

在只有光化学作用的情况下,由于激光和材料的相互作用时间极短,材料表面,加工区域温度基本不变,因此光化学消融时热效应影响较小,但由于激光加工时原子的剧烈运动,因此材料内部形成缺陷,引起应力变化,这些变化反之影响光化学消融的过程,由图 6 - 16 右半部分的作用过程表示,因此在光化学消融去除材料时,虽然相对光热消融而言加工质量较高但加工效率很低。

根据被加工材料性质的不同,光热消融和光化学消融的主导作用也不尽相同,在纳秒紫外脉冲激光和材料的作用过程中,往往既包括光热消融,表现为加工区域产生熔融物堆积、化学成分的改变等;也包括光化学消融,表现为在作用过程中出现新生产物或原有组成结构发生变化,进而改变原材料的物理和化学特性。

6.6.4 液相爆破理论

对于激光加工,汽化蒸发、平衡沸腾与液相爆破为去除材料的三种主要方式。而对于紫外激光加工单晶硅时,由 Yoo 等人提出的液相爆破理论可能是高功率紫外激光加工单晶硅的主要机理。

根据热力学原理,有两个液相存在的上限:第一是双节线,液体和气体的平衡曲线;第二是旋节线,是不断变化的液相热力学稳定的边界。在这两个边界中间,存在一个亚稳态(过热)液体的区域。当过热液体的温度接近热力学的临界点,并且均匀成核的速率足以在极短的时间内生成大量的原子核,液相爆破便发生了。为了说明液态金属的加热过程,在临界温度附近的相图如图 6-18 所示。

在图 6-18 中,正常加热曲线表示在温度低于沸点温度时液态金属的加热过程。在沸腾的温度下,液体和蒸汽处于平衡状态,如图 6-18 所示,平衡汽化双节线可通过克劳修斯 - 克拉珀龙(Clausius - Clapeyron)方程计算得到

$$p_s = p_0 \exp\left\{\frac{H_{1v}(T - T_b)}{RTT_b}\right\} \qquad (6-6)$$

式中 p_s——蒸汽饱和压力;

p_0——环境压力;

H_{1v}——蒸汽的焓;

T——表面温度;

T_b——常压下的气液平衡温度；

R——理想气体常数。

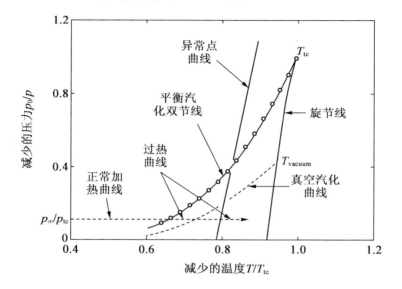

图 6-18　材料接近临界温度的压力-温度图

当液体表面温度低于或者等于沸腾温度,蒸发发生在液体表面,这是一种异构蒸发。"过热"是指加热过程非常快(一般认为加热时间小于 1 000 ns,但更短的时间内也是允许的),使得该系统超过温度 T_b 而进入亚稳态(过热状态)。旋节线是亚稳态液体可以加热的极限,在这里可以通过贝特洛(Berthelot)状态方程在 $(\partial p/\partial V)_T = 0$ 的条件下计算得到。

标有"均衡汽化"的曲线,对应在饱和蒸汽压力平衡 p_0 的液态金属。标志着"真空汽化"主要是和在液体表面形成的所谓克努森(Knudsen)层相区别。在这区域内,具有如下特征:区域内的蒸汽粒子,开始时只有正速度(Positive Velocities)且垂直于表面(v_x),然后形成负速度(Negative Velocities),在这个过程中,粒子为了保持动量,也形成一个正质量中心速度(u_K)。所以,从麦克

斯韦-玻耳兹曼形式分布函数变成如下的形式:

$$\int_K^{\pm}(v_x,v_y,v_z,E_I) = n_K\left(\frac{m}{2\pi k_B T_K}\right)^{3/2}\frac{E_I^{j/2-1}}{\Gamma(j/2)(k_B T_K)^{j/2}}\times$$

$$\exp\left\{-\frac{1}{k_B T_K}\left[\frac{m}{2}\left[(v_x-u_K)^2+v_y^2+v_z^2\right]+E_I\right]\right\} \quad (6-7)$$

式中　E_I——气体的总内能;

　　　Γ——伽马函数;

　　　j——气体内能的自由度。

　　　n_K、u_K 和 T_K——在克努森层边界的数密度、流速和温度。

　　图6-18中异常点曲线表示在 $T/T_{tc}>0.80$ 时一些异常行为的部分特征的接近温度。事实上,部分特征变化主要是体积和焓的波动,这就意味着液体或气体的比热和阻力发生了剧烈的变化,且比热和阻力均变得很高。液体中 $(\partial p/\partial V)_T$ 和 $(\partial T/\partial S)_p$ 与上述波动过程是一种反比例的关系。

$$(\partial p/\partial V)_T = -\frac{k_B T}{(\Delta V)^2},\quad (\partial T/\partial S)_p = \frac{k_B T^3}{(\Delta H)^2} \quad (6-8)$$

式中　V、S 和 H——体积、熵和焓。

　　自发成核过程可以在亚稳态金属中发生,根据 Döring 和 Volmer 的理论,自发成核频率的计算公式为

$$J = NB\exp\left(-\frac{\Delta G}{k_B T}\right) \quad (6-9)$$

式中　N——原子的数密度;

　　　T、B——一个依赖于温度和压力的函数;

　　　ΔG——临界蒸汽成核温度所需的能量,$\Delta G_c = \dfrac{16\pi\sigma^3}{3(\rho_0 L_0\beta)^2}$;

　　　σ——表面张力;

　　　ρ_0 和 L_0——常规沸腾温度下的饱和气体的密度和汽化潜热;

　　　β——过热的程度,$\beta = (T-T_0)/T_0$。

　　根据式(6-9),自发成核率随温度呈指数增长。已经证明得

到当温度接近 $0.874T_{tc}$ 时,自发成核的频率大约是 $1\ \text{cm}^{-3}\cdot\text{s}^{-1}$,但是当温度为 $0.905T_{tc}$ 时,自发成核的频率增加到 $10^{21}\ \text{cm}^{-3}\cdot\text{s}^{-1}$。这就意味着,快速加热的液体可能具有如下特征:在 $0.874T_{tc}$ 的温度时,液体的自发成核具有相对的稳定性;但是当整个液层温度为 $0.905T_{tc}$ 时,自发成核像雪崩一样的开始了。因此,当液体温度接近 $0.9T_{tc}$ 时,均相成核或爆破相变转变发生了。

激光照射在工件表面,材料被加热,如果加热的液体有足够的时间(对于金属,远离临界点时的弛豫时间通常为 $1\sim10\ \text{ns}$)进入曲线所示的平衡状态,加工将为熔化、沸腾、汽化过程。此时过程可用双节线表示,代表表面温度与蒸汽饱和压力之间的平衡关系。

在高功率激光的作用下,材料表面温度增加得非常快,由于表面蒸汽的压力增加的速度不够快,因此液态金属的温度超过气液平衡温度,液态金属进入超热状态。超热状态由图 6-19 中超热曲线所示,温度超过与表面压力相应的汽化温度,金属液体进入亚稳态。加热的速率越快,越接近旋节熔线,处于亚稳态的时间越短,热力学参数也就越不确定。旋节熔线为材料过热的极限,由 Döring 和 Volmer 理论得知自发成核率随温度呈指数增长,温度低于 $0.9T_{cp}$ 时,自发成核数目可以忽略,在温度到达 $0.9T_{cp}$ 时,开始大量成核。由于系统的自我趋衡发展,向平衡曲线趋近,因此成核液体内部压力增大,材料以液体和蒸汽液滴的形式喷射,最终导致液相爆破的发生。

Yoo 等对大功率 355 nm 紫外激光加工单晶硅过程的液相爆破过程进行了研究,通过试验获得了激光能量密度和加工体积的关系,发现了烧蚀区域的体积出现了突变的过程,如图 6-19 所示。在激光能量密度超过液相爆破阈值前后,在烧蚀孔的周围出现了尺寸较大的颗粒,如图 6-20 所示,并且通过激光阴影成像获得的物质抛射的图像,如图 6-21 所示。通过建立模型计算超热层的存在和试验结果对比,证明了高功率紫外激光加工单晶硅的过程中存在液相爆破,并且液相爆破是重要的蚀除机理之一。

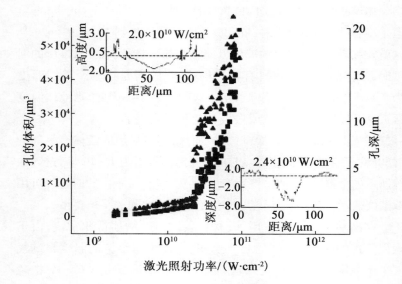

图 6 - 19   激光能量密度和烧蚀体积的关系图

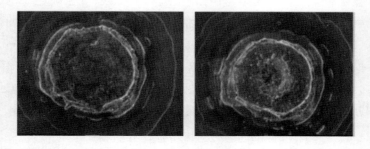

(a)低于液相爆破阈值   (b)高于液相爆破阈值

图 6 - 20   不同能量密度激光照射单晶硅的烧蚀区域

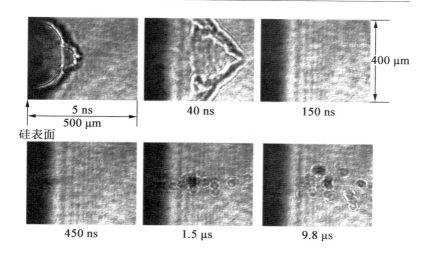

图 6 – 21　激光阴影成像获得的物质抛射的图像序列

6.7　紫外激光在单晶 Si 上加工微细结构

利用激光直写、掩模加工和光束干涉效果,紫外激光可以在单晶 Si 表面加工出复杂的微细结构,应用于半导体行业、微机电系统、光纤通信等行业。图 6 – 22 所示为利用 157 ns 准分子激光在单晶 Si 表面使用分层法刻蚀出了的半球体三维结构。图 6 – 23 所示为利用 266 nm 紫外激光在单晶 Si 表面加工的衍射光栅结构。图 6 – 24 和图 6 – 25 所示为利用 355 nm Nd:YVO4 切割单晶 Si 所获得的微细结构。

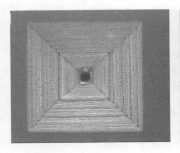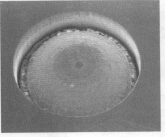

图 6 - 22   单晶 Si 上分层法刻蚀的半球三维结构

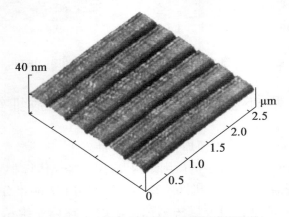

图 6 - 23   单晶 Si 表面加工衍射光栅结构

图 6 - 24   355 nm 的 Nd:YVO₄ 激光切割单晶 Si 获得的微细结构

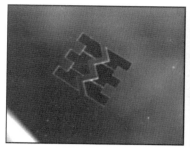 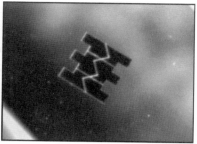

图 6 – 25　355 nm 的 Nd:YVO₄ 激光切割单晶 Si 获得的微细结构

第 7 章　266 nm 紫外固体激光微细加工碳化硅

　　随着 MEMS 技术的不断发展,硅基 MEMS 器件不能满足其在极端环境如高温、高压、高过载、腐蚀下的应用。碳化硅(SiC)以其在电学、力学和摩擦学上优良的性能可以很好地满足 MEMS 在极端条件下的应用。SiC 具有良好的物理和化学性能,如化学性能稳定、热膨胀系数小、耐腐蚀、抗磨损、高强度、高硬度等一系列优点,因此在机械电子、复合材料、航空航天等领域具有广阔的应用前景。此外,SiC 具有非常多优异的性能,例如高饱和漂移速度、高带隙、高热稳定性、高导热、低扩算速度和很好的化学惰性,使得其在微电子领域也得到了广泛的应用。SiC 组成的 MEMS 已经在很多领域中得到了应用,例如石油钻井、航空航天、发动机、涡轮机和工业过程控制、高温压力传感器、加速度计、微电机和 CMOS 相兼容的设备等。目前对 SiC 的微细加工方法还不是很多,加工速度不高。SiC 的化学惰性和硬度降低湿式和干式刻蚀的速度,虽然深反应离子刻蚀是比较成功进行 SiC 微细加工的方法,其刻蚀速度仅为 2 μm/min。新型加工方法,如光电化学刻蚀方法,其刻蚀速度也只有 25 μm/min。和以化学为基础的微细加工方法相比,激光微细加工 SiC 能够得到每分钟几百微米的刻蚀速度,且减少加工步骤,可以避免加工掩模,可和数控程序结合加工复杂曲面等优点。激光烧蚀 SiC 的研究从 20 世纪 80 年代中期就已经开始了,多种激光源已经被尝试用于激光微细加工,如准分子激光、Nd:YAG 固体激光、CO_2 激光,以及近些年出现的皮秒激光和飞秒激光等。激光微细加工 SiC 还没有在 MEMS 中进行广泛的应用,主要受到激光成本和激光复杂性的影响。随着紧凑、低价、高功率输出的固体激光器的问世,固体激光微细加工将成为微细加工 SiC 重要的方法之一。

国内外学者对于激光微细加工 SiC 已进行了一定的研究。Pecholt 等学者对激光微细加工 SiC 进行了概述,表明激光加工是加工 SiC 非常有效的加工手段,固体激光将是激光微细加工 SiC 的主要激光源。激光蚀除加工 SiC 主要是紫外激光源,由于 SiC 对紫外激光源有很高的光学吸收。Desbiens 等在非晶 SiC 上加工出深度为 200 μm 的微细结构,并且得到优化的加工参数为低的激光能量和高的重复频率,以及高的扫描速度。单晶 SiC 吸收光的能力很弱,可见红外光光子可以直接和材料的晶格耦合产生不同的吸收类型导致高的蚀除效率。Kin 等报道了在 10.6 μm 和重复频率为 10 Hz 的激光在 4H – SiC 上加工通孔时得到的加工速度为 229 ~ 870 μm/min。波长为 355 nm、532 nm 和 1 064 nm 和脉冲宽度为 30 ns 的 Nd:YVO$_4$ 激光也可以得到较高的加工速度,然而,短波长微细加工可以得到较好的侧壁以及最少量的熔屑。激光波长对固体激光微细加工 SiC 的加工质量和效率有着非常重要的作用。日本的 Okamoto 等人研究了多波长固体激光(1 064 nm、532 nm、355 nm、266 nm 和 213 nm)微细加工 SiC 的加工特征的研究,结果表明激光波长对激光加工 SiC 有着非常大的影响,但是该研究者没有系统讨论取得上述结果的加工机理,以及激光波长对加工质量(微裂纹和加工变质层)的影响。激光波长不同,激光和 SiC 的作用机理不同,其加工质量也不同,对于多波长固体激光蚀除 SiC 的微观动力学机制非常重要。近些年,液相爆破(Phase Explosion)是固体激光烧蚀材料(248 nm 激光烧蚀单晶硅、266 nm 紫外固体激光烧蚀单晶硅)的主要机理之一,特别是功率较大时。液相爆破也是大功率超短脉冲烧蚀透明材料和碳化硅的主要机理之一。2011 年,Goodman 等利用实时观测 1 064 nm 的纳秒激光烧蚀 SiC 的烧蚀过程和激光烧蚀 SiC 的加工特征,发现被烧蚀的 SiC 先是以表面蒸发的形式抛出,而后续的过程可能是液相爆破所引起的液体颗粒形式抛出。飞秒激光加工 SiC 表现出良好的加工特性,因为飞秒激光和材料的超快作用及飞秒激光和材料的多光子非线性吸收。飞秒激光加工变质层很薄和加工质量较高。Dong 等报道了飞秒激光在 3C – SiC 上进行高质量的激光微细加工,认为激光能量为 1 ~ 10 μJ 是加工高精度微细结构的适宜条件。飞秒激光加工不能完全避免热影响,当激光能量较高时,在加工区域周围可观察到再铸层和破坏的碎片,这些主要是由于液相爆破和等离子的形成。对于紫外激光加工效果,英国 Exitech 公司的 Rizvi 等进行了紫外固体激光和飞秒激光微细加工结果的对比研究,其结果表明紫外及深紫外激光可达到飞秒激光微细加工的效果,同时,紫外固体激光和飞秒激光相比,具有维护费用低、效率高以及系统结构紧凑等优点。国内学者对激光微加工 SiC 进行了研究,赵清亮等研究了飞秒激光烧蚀 SiC。杨松涛等利用 355 nm 紫外激光对新型陶瓷材料的加工进行了研究,讨论了新型陶瓷的紫外激光加工方式和加工的原理,介绍了 355 nm 激光加工特点以及试验的研究结果。北京工业大学的蒋毅坚等人对陶瓷激光切割技术的研究现状进行了总结并提出了该技术所需解决的主要问题及相关思考等,提出了陶瓷加工所面临的三个主要问题:薄型陶瓷的激光精密切割、厚型陶瓷的激光无损切割、陶瓷的激光三维切割。上海光机所的楼祺洪等对准分子紫外激光刻蚀氧化锆陶瓷进行了初步研究,得到直径为 40 μm、深度为 25 μm 的微孔矩阵,为 KrF 激光对氧化锆陶瓷的加工提供了试验数据。加工变质层和微裂纹对于半导体、陶瓷和透明材料的应用有着的非常大的负面作用,因此对它们进行检测是目前研究的热点问题之一。对其产生机理进行研究,提出改善和抑制微裂纹产生的方法将会有效改善加工质量。北京工业大学的蒋毅坚等学者对激光加工陶瓷裂纹行为进行了理论分析和试验验证,通过建立脉冲激光陶瓷打孔二维温度场模型,计算了相应的热应力分布,预测了打孔过程中的两种裂纹形态,并由此预测出激光脉冲切割过程中的两种裂纹扩展方式,提出降低热应力,抑制加工裂纹产生的方法。通过讨论模型参数和激光加工工艺参数之间的对应关系,提出激光加工陶瓷工艺参数优化的基本方向,并通过试验加以验证,对加工参数优化实现了陶瓷的激光无裂纹加工。

SiC 以其优良的性能很好地满足了 MEMS 在极端条件下的应用。对 SiC 进行高效精密加工是 SiC 在 MEMS 中得以广泛应用的基础。固体激光微细加工技术是效精密加工 SiC 的重要方法之一。对 SiC 微结构高效精密加工技术的研究是固体激光加工 SiC 在 MEMS 中的广泛应用的基础。在国内外学者研究激光微细加工 SiC 的基础上,对光热、光化学和液相爆破蚀除机理与激光波长的关系加以探讨,探索提高加工质量的方法和利用固体激光进行高效精密加工 SiC 微结构。

7.1 SiC 对激光的反射和吸收

7.1.1 SiC 的反射率和吸收系数

不同材料在不同波长范围具有不同的光学特征。材料的光学特征主要通过反射率(R)、透过率(T)和吸收率(α)三个主要参数进行表示。材料的吸收率对激光加工来说是非常重要的参数。

对于很多固体材料如半导体和绝缘体材料,不同波长的透过率需要在分析中进行考虑。材料的吸收率可通过式(7-1)计算得到,即

$$R + A + \alpha = 1 \qquad (7-1)$$

任何一种材料,当入射激光以能量密度 F_1 垂直入射到材料的表面,可以分成反射光束 F_R、吸收光束 F_A 和透射光束 F_T,如图 7-1 所示。

照射材料的激光束能量可通过反射光束能量、透射光束能量和吸收光束能量之和来表示,即

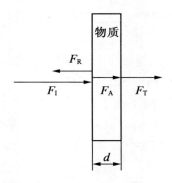

图 7 – 1   激光照射材料表面而产生的反射光束、透射光束和吸收光束的示意图

$$F_{\mathrm{I}} = F_{\mathrm{T}} + F_{\mathrm{A}} + F_{\mathrm{R}} \tag{7 – 2}$$

式（7 – 2）中的反射光束能量、透射光束能量和吸收光束能量将在下面部分进行说明。激光束照射到材料表面，一部分光束会被材料表面反射，其他部分会穿透材料。入射到材料表面的反射率可以通过折射系数（n）和消光系数（k）代入计算得到。利用计算公式和固体材料手册上查的材料的折射系数和消光系数，计算得到了 SiC 的表面反射率，如图 7 – 2 所示。

SiC 在紫外和深紫外波段具有很高的反射率。激光在穿透材料的过程中，还有一部分激光束被材料吸收。根据朗伯比尔定律（Lambert – Beer's Law），当一束光能量为 F_{m} 穿过透明厚度为 d 时，其能量的衰减可以计算得到。SiC 的吸收系数通过激光的波长（λ）和消光系数（k）计算得到，如图 7 – 3 所示，对于 SiC，其具有最高的吸收系数是在波长为 70 ~ 200 nm，超出了上述波长范围，材料的吸收系数下降得非常快。

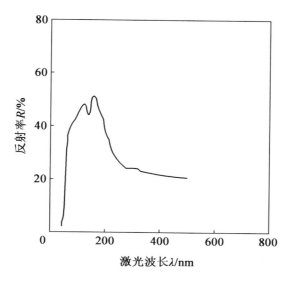

图 7 - 2　SiC 的表面反射率

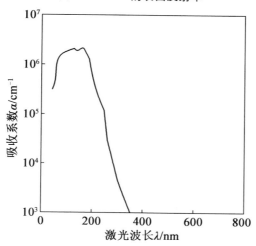

图 7 - 3　SiC 材料的吸收系数

7.1.2 SiC 的吸收率

激光照射到材料表面,可以产生反射光束、被吸收光束和透射光束。吸收率随着深度(d)的增加而增加。为了分析 SiC 表面的激光加工,计算了 SiC 在穿透深度为 10 nm 的吸收率,结果如图 7 - 4 所示,SiC 的高吸收率是在紫外和深紫外波长波段,和这些材料具有高吸收系数的波长波段是一样的。

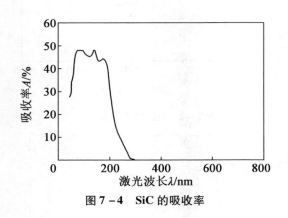

图 7 - 4 SiC 的吸收率

7.1.3 激光加工 SiC 的加工效率和优化波长

通过建立的 SiC 自身固有吸收率的显示定量方程以及基于激光设备的转化效率和 SiC 对 Nd:YAG 固体激光基波及其倍频波长光的吸收率,通过计算不同波长固体激光加工 SiC 的加工效率对激光加工的优化波长进行了估算,见表 7 - 1。从表 7 - 1 可以看出,多波长固体激光加工 SiC 的优化波长是五倍频(213 nm)波长,其次是四倍频(266 nm)波长。

表 7 - 1　多波长 Nd:YAG 固体激光加工 SiC 的加工效率

材料	波长/nm				
	213	266	355	532	1 064
SiC	1.330	0.240	0.019	—	—

7.2　266 nm 紫外固体激光加工 SiC 试验系统

　　266 nm 紫外固体激光微细加工试验系统如图 7 - 5、图 7 - 6 和图 7 - 7 所示。激光加工系统主要由激光器、光束调整、光闸系统、传输及聚焦系统、能量测试装置、运动工作台,加工环境室以及观测系统等组成。

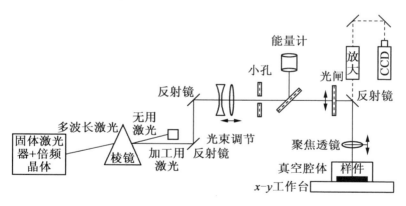

图 7 - 5　266 nm 紫外固体激光微细加工试验系统(一)

图 7 - 6　266 nm 紫外固体激光微细加工试验系统(二)

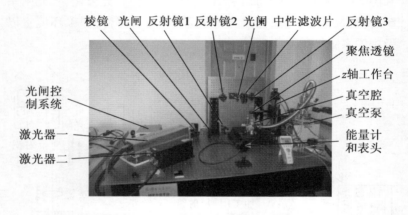

图 7 - 7　266 nm 紫外固体激光微细加工试验系统(三)

7.3　266 nm 紫外固体激光和 SiC 作用过程

利用聚焦的激光束加工材料时,首先最基本的反应过程是一个光子吸收的非热过程。激光和材料的作用机理取决于激光参数(波长、脉宽和能量密度)和材料的热物理特征(吸收系数、能带宽度、熔化温度、蒸发温度和材料的热传导率等)。纳秒脉宽的

Nd:YAG 固体激光加工材料的过程中主要包括三种类型,光热蚀除、光化学蚀除和光物理蚀除,在整个加工过程既包括热蚀除机理也包括非热蚀除机理。

7.3.1　光化学蚀除过程

如果入射激光的光子能量比较高,非线性光子吸收和多光子吸收很容易发生。在这样的照射条件下,激光照射可能直接破坏材料的化学键,这个过程称为光化学蚀除。在仅有光化学(非热)蚀除过程中,激光照射下材料表面的温度基本不变。但是这种加工方法的效率很低(小于 1 μm/脉冲),材料表面的加工质量较好。当紫外固体激光加以光化学蚀除方式去除材料时,紫外固体激光蚀除材料原理如图 7 – 8 所示,当激光能量密度低于阈值能量密度 F_0 时,照射后的表面形态没有改变,如图 7 – 8(a)所示;当激光能量密度高于所需的最小单元烧蚀阈值能量密度 F_1 时,材料表面的原子键破裂,断键的原子向四周飞溅,形成底部平坦、边缘锋利的边缘,这是理想的加工单元形状,如图 7 – 8(c)所示;当激光照射能量密度介于 F_0 与 F_1 之间时,不能进行材料去除,但是,由于晶体结构被破坏导致照射区域表面轻微上升,如图 7 – 8(b)所示。

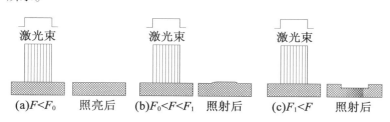

(a)$F<F_0$　　照亮后　　(b)$F_0<F<F_1$　　照射后　　(c)$F_1<F$　　照射后

图 7 – 8　紫外固体激光蚀除材料原理

在激光微细加工中,激光束在聚焦平面上有着相同的能量密度,而且能量密度高于 F_1。在试验中,激光束中能量呈 TEM$_{00}$ 高

斯函数分布,径向能量分布通过式(7-3)得到,即

$$F(x,y) = F_{max} \exp\left[-\frac{2(x^2 + y^2)}{\omega_0^2} \right] \qquad (7-3)$$

式中　x,y——平面坐标垂直于激光束,原点为光束的中点;

F_{max}——激光最大能量密度;

ω_0——光束束腰半径。

光斑的尺寸为 $2\omega_0$,总能量 E 可通过对式(7-3)积分获得,即

$$E = \int_{-\infty}^{\infty} \int_{-\infty}^{\infty} F(x,y)\,\mathrm{d}x\mathrm{d}y = \frac{\pi\omega_0^2 F_{max}}{2}$$

$$(7-4)$$

激光的脉冲能量与最大能量密度之间存在线性关系,最大能量密度和平均能量密度可以通过控制入射激光束脉冲能量进行调节。

激光在不同能量密度下单元加工形状的去除原理如图7-9所示,当最大激光能量密度 F_{max} 略高于 F_1 时,发生材料去除,理想矩形横截面的单元形状如图7-9(a)所示;当 F_{max} 高于 F_2 时,在区域 $F > F_2$ 中,更深层的材料被去除,二次深度去除横截面如图7-9(b)所示;当 F_{max} 高于 F_2 很多时,横截面显示多层深度去除,如图7-9(c)所示。

激光的能量密度对加工形状存在影响,由于激光束的能量密度呈高斯分布,光束中心的能量密度最大,从中心至边缘,光束能量密度的大小是逐渐减小的,当激光加工时,较高的能量密度可以得到较大的深度去除,去除深度随着能量密度的改变而改变。激光的能量密度对加工形状存在影响,为了得到理想的加工形状,最大激光能量密度应介于 F_1 与 F_2 之间,即 $F_1 < F_{max} < F_2$。在光化学消融过程中,材料表面的温度基本没有发生变化,会得到较高的加工质量,但该过程的加工效率较低。

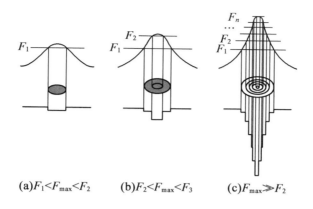

$(a)F_1<F_{\max}<F_2$　　$(b)F_2<F_{\max}<F_3$　　$(c)F_{\max}\gg F_2$

图 7 – 9　激光在不同能量密度下单元加工形状的去除原理

　　光热蚀除是一个热过程,照射到材料表面的激光瞬时转化为热量使得材料被去除。能量从自由电子到晶格快速激发和迅速消散,使得材料表面被快速加热和气化爆破而没有表面熔化。这个加工过程具有较高的加工效率,但是加工表面比较粗糙。

7.3.2　光热蚀除过程

　　光热消融是热作用过程,对于激光的热加工而言,可分为两种情况:一种情况是当激光束脉冲能量足够大时,以气态形式蒸发形式去除材料进行加工;第二种情况是当激光束具有较低脉冲能量时,材料不能完全通过气态蒸发形式去除,而是通过加热使材料以熔化、蒸发、熔融物质喷溅形式去除。对于紫外固体激光对大多数材料的加工而言,通常属于热加工。当紫外固体激光加工以光热消融方式去除材料时,使材料处于液态、气态等不同状态。图 7 – 10 所示为脉冲固体激光光热烧蚀材料作用过程示意图,在激光作用下部分材料的不同状态如下:

（a）待加工的材料。

（b）激光束作用至材料表面,发生能量反射、吸收和透射现象。

（c）材料表面被加热。

（d）材料的加工区域表面发生熔化。

（e）材料的加工区域表面发生汽化。

（f）汽化过程伴随着熔融物质的喷溅,喷溅的熔融物质落在加工区域附近,冷却凝固。

（g）激光作用结束,熔融喷溅结束,汽化继续。

（h）汽化结束后,材料冷凝,脉冲激光烧蚀材料结束。

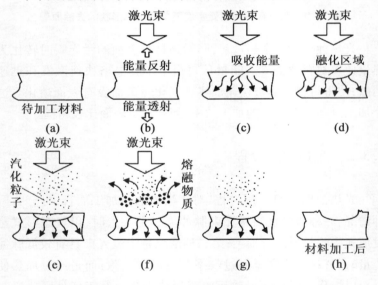

图 7-10　脉冲固体激光光热烧蚀材料作用过程示意图

当激光照射材料表面时,部分激光能量被反射和透射,部分激光能量被加工区域材料中的粒子获得。表面温度的上升通过获得能量的粒子与其他粒子相互碰撞,温度的上升伴随着扩散,所以当激光脉冲宽度较大、激光功率密度较低时,只能对材料起到加热作用,材料仍维持固相不变。当激光脉冲宽度较小、激光功率密度较大时,材料表面上升的温度大于扩散的温度,使热量累积于材料表面,累积的热量达到材料的熔点时,材料表面熔化,熔化区域发生汽化现象,随着作用时间的增加,液相 - 固相分界面向材料深部移动,在一定厚度内熔融物质持续吸收激光能量,通过得到比表面温度更高的汽化温度形成汽化压力,熔融物质发生喷射。继续减小激光脉冲宽度、增大激光脉冲能量,当激光能量密度超过物质的击穿阈值时,将获得物质蒸汽,此时材料主要以物质蒸汽方式去除,物质蒸汽主要由材料表面汽化形成的蒸汽与向外喷溅的熔融物组成,物质蒸汽继续吸收能量,最终得到光致等离子体,光致等离子体具有高温、高压和较高电离度。当激光脉冲宽度很窄、脉冲能量很高时照射材料,由于材料在短时间内吸收了过多的热量致使局部区域发生过热现象,形成爆炸性汽化去除材料,整个过程为无熔融物质的完全汽化。

7.3.3　光化学和光热蚀除材料的建模分析

光化学和光热蚀除过程的相对速率通过一个简单的模型来进行估计。具有高斯光束的激光的能量照射一个由分子吸收体组成的平面半无限表面。高斯光束的能量分布如式(7 - 5)所示,即

$$I(r,t) = I_0(t)\exp\left(-\frac{r^2}{d^2}\right) \qquad (7-5)$$

不同波长激光的吸收系数(α)如式(7 - 6)所示,即

$$\alpha = \sigma_s N \qquad (7-6)$$

式中　σ_s——吸收体的横截面;

N——表面吸收体的密度。

当 $\alpha > 10^4 \ \mathrm{cm}^{-1}$ 时,沉积在材料表里面的能量则被认为是热传导模型中的表面热源。为了简化模型,$I(r,t)$ 在激光照射结束

后变得与时间无关,所以当 $t > 0$,有 $I(r,t) = I(r)$。

激光照射区域中心的表面温升 ΔT 如式(7-7)所示,即

$$\Delta T(r=0,t) = \frac{\varepsilon I_0 d}{K\sqrt{\pi}} \tan^{-1}\left(\frac{4\kappa t}{d^2}\right)^{\frac{1}{2}} \quad (7-7)$$

式中 ε——吸收率;

K——导热系数;

κ——热传导率。

对于无限持续的脉冲,则

$$\Delta T(r=0,\infty) = \frac{\varepsilon I_0 d}{K\sqrt{\pi}}$$

假设阿伦尼乌斯形式的一阶速率常数

$$\delta = A\exp\left(-\frac{\Delta E}{kT}\right) \quad (7-8)$$

式中 A——前频率系数,s^{-1};

ΔE——活化能;

k——玻耳兹曼常数;

T——开尔文温度。

则

$$\delta(t) = A\exp\left\{-\frac{\Delta E}{[k(T_0 + \Delta T(t))]}\right\} \quad (7-9)$$

式中 T_0——$t=0$ 时的表面温度,K。

光化学驱动的反应(例如光解)的速率可用式(7-10)来表示

$$\rho_\lambda^{(n)}(t) = \sigma_\lambda^{(n)} F_\lambda^{(n)}(t) \quad (7-10)$$

式中 σ_λ^n——n 阶吸收截面;

$F_\lambda^{(n)}(t)$——光子通量。

在焦点处,$F_\lambda^{(n)}(t) = \frac{\lambda \varepsilon I_0}{hc}$,其中 h 是普朗克常数,c 是光速。

可见,$I_0(t)$ 恒定时,$\rho_\lambda^{(n)}$ 与时间无关。

于是,光化学和光热蚀除过程的相对速率为

$$R_\lambda^{(n)}(t) = \frac{\rho_\lambda^{(n)}}{\delta(t)} \qquad (7-11)$$

分别代入 $\rho_\lambda^{(n)}$ 和 $\delta(t)$ 可以得到活化能引起的光热和光化学过程的定量估算,则

$$R_\lambda^{(n)}(t) = \frac{\sigma^{(n)}}{A} F_\lambda^n \exp\left(\frac{T^*}{[T_0 + \Delta T(t)]}\right)$$

式中　$T^* = \Delta E / \kappa$ 和

$$\Delta T(t) = \frac{\varepsilon I_0 d}{K \sqrt{\pi}} \tan^{-1}\left(\frac{4\kappa t}{\lambda^2}\right)^{\frac{1}{2}}$$

或者

$$\beta = \tan^{-1}(\eta)^{1/2}$$

式中　$\beta = K\sqrt{\pi}\Delta T / \varepsilon I_0 \lambda$ 和 $\eta = 4\kappa t / \lambda^2$。

按照标准化的格式,式(7-9)可表示为

$$R_\lambda^{(n)}(t) = \gamma^n \exp\left(\frac{T^*}{[T_0 + \beta I_\lambda']}\right)$$

式中　$\gamma^n = \frac{\sigma^{(n)}}{A} F_\lambda^n$ 和 $I_\lambda' = \frac{\varepsilon I_0 d}{K \sqrt{\pi}}$。

当 $t \to \infty$ 和 $\beta = \pi/2$ 时,则

$$R_\lambda^{(n)}(\infty) = \gamma^n \exp\left(\frac{T^*}{[T_0 + \varepsilon I_0 \lambda \sqrt{\pi}/(2K)]}\right)$$

因此,假设恒定的光子通量,随着时间的增加热效应成为更加主导。也就是说,光化学引起的反应其主要作用是在 $t < \lambda^2/(4\kappa)$(κ 是热传导率),把多波长固体激光的参数及 SiC 热传导率代入,可得光化学引起的反应在 1.50 ~ 0.05 ns。但是随着激光波长的变短,激光光子的能量增加,而由于光子能量而引起的非线性光学效应并未在此模型中得以体现,因此上述模型仅能简单对光化学和光热蚀除过程进行说明,而进行定量的计算和分析还需要对上述模型进行补充。

7.3.4 266 nm 紫外固体激光烧蚀 SiC 的机理

采用 266 nm 波长、脉宽几纳秒的 Nd:YAG 固体激光加工 6H – SiC 晶体时,材料的去除方式主要有两种:光化学蚀除和光热蚀除。在重复频率 50 Hz、266 nm 的条件下,不同能量密度紫外激光加工 SiC 的 SEM 图片,如图 7 – 11 所示,图 7 – 11(a)、(b)分别为在扫描速度 250 μm/s 时不同激光能量密度加工的 SEM 图片,图 7 – 11(c)、(d)分别为在扫描速度 50 μm/s 时不同能量密度紫外激光加工的 SEM 图片,图 7 – 11(e)、(f)分别为在扫描速度 50 μm/s 时不同能量密度紫外激光加工的横截面 SEM 图片。从图 7 – 11 中可以看出,高能量密度加工的微槽深度高于低能量密度加工,当高能量密度进行加工时,在烧蚀区域的四周存在明显的凸起。凸起是在激光烧蚀时烧蚀区域周围材料熔化后冷凝以及孔内熔融物质喷溅在四周重新凝固所产生的,抛出物的出现表明了紫外激光微细加工 SiC 存在光热消融,当低能量密度进行加工时,会得到较好的加工表面质量,此时的加工表面符合光化学消融,但也存在很薄的一层抛出物。

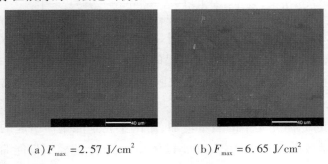

(a)$F_{max} = 2.57$ J/cm²   (b)$F_{max} = 6.65$ J/cm²

图 7 – 11 不同能量密度紫外激光加工 SiC 的 SEM 图片

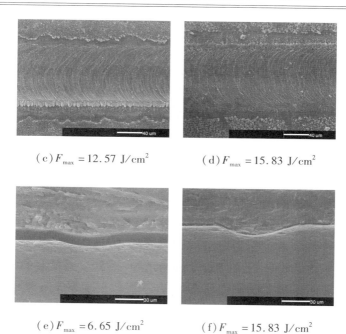

（c）$F_{max} = 12.57$ J/cm^2　　　　（d）$F_{max} = 15.83$ J/cm^2

（e）$F_{max} = 6.65$ J/cm^2　　　　（f）$F_{max} = 15.83$ J/cm^2

续图 7 –11

　　当材料的蚀除存在光热消融方式时,材料由于高温发生融化,融化的材料与空气中的氧气接触,会发生氧化现象,加工区域与未加工区域的能谱分析,如图 7 – 12 所示,对加工区域与未加工区域中的元素含量进行分析,见表 7 – 2。加工区域底部氧的含量高于未加工区域,表明加工过程存在氧化现象。

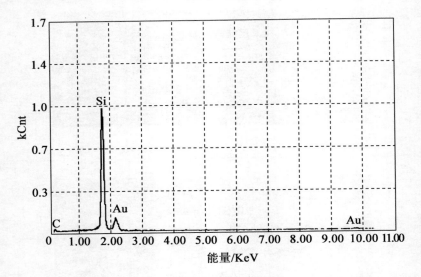

（a）加工区域

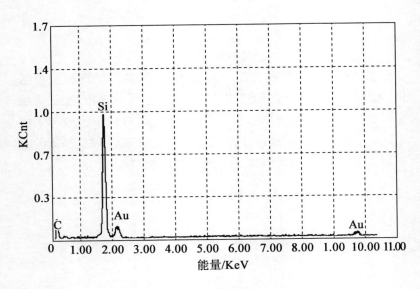

（b）未加工区域

图 7 – 12　加工区域与未加工区域的能谱分析

表 7 - 2　加工区域与未加工区域的能谱分析　　　　　%

元素	加工区域		未加工区域	
	质量百分比	原子百分比	质量百分比	原子百分比
碳（C）	56.67	74.51	22.48	40.17
氧（O）	02.65	02.62	01.03	01.38
硅（Si）	40.68	22.87	76.49	58.45

经以上分析可得,材料主要以光化学蚀除和光热蚀除两种方式共同去除,当较低能量密度的激光照射 SiC 材料表面时,材料主要以光化学蚀除方式为主,同时伴随着光热蚀除,此时的加工区域周围比较清洁,但蚀除率较低;当较高能量密度的激光照射 SiC 材料表面时,材料主要以光热蚀除方式为主,同时伴随着光化学蚀除,在加工区域周围存在较多的熔融物质,会得到较高的蚀除率,但是加工质量不高。

7.4　266 nm 紫外固体激光蚀除 SiC 过程中液相爆破蚀除机制

对于激光加工,汽化蒸发、平衡沸腾与液相爆破为去除材料的三种主要方式。而对于多波长固体激光烧蚀单晶硅时,多位研究者提出了液相爆破理论可能是高能量紫外固体激光烧蚀单晶 Si 的主要蚀除机理之一。由于多波长固体激光加工 SiC 晶体和 Si 晶体有很多的相似之处,对 266 nm 紫外固体激光加工 SiC 晶体中是否存在液相爆破机制进行判定。美国学者 Wu 等发现,对波长 1 064 nm、200 ns 的固体激光烧蚀 SiC 晶体的过程主要是热加工过程,而烧蚀区域材料的抛出主要是表面蒸发和液体喷射,而和液相爆破的过程有差异。

　　液相爆破是过热液体中均质气泡成核与生长。均质成核只有当热体被过热到 $0.8 \sim 0.9 T_c$（T_c 是热动力学的临界温度）才会变得非常重要。但是气泡的自发生长需要达到一个临界半径。因此，液相爆破要求具有足够大厚度的过热液体层，这样就需要激光的能量密度足够大，激光能量密度要大于某一个烧蚀阈值，也被成为液相爆破阈值。当激光能量高于液相爆破阈值时，液相爆破发生使得过热的液体层的材料被抛出；而当激光能量低于液相爆破阈值时，液相爆破不会发生。因此液相爆破的显著特征之一是在液相爆破阈值附近烧蚀率有一个明显的阶跃。

　　对 266 nm 紫外固体激光烧蚀 SiC 的过程中液相爆破蚀除机理存在的可能性进行判定，在采用不同能量密度的激光在 SiC 晶体上加工微槽的过程中，激光能量密度和烧蚀深度的关系如图 7 – 13 所示，没有发现烧蚀率的阶跃，而是呈现线性的变化规律。在不同能量的激光在 SiC 晶片（330 μm）上加工的过程中，通过计算加工时间及穿透深度，可以得到如图 7 – 14 所示的单脉冲激光的蚀除率深度，也没有发现蚀除深度的阶跃。

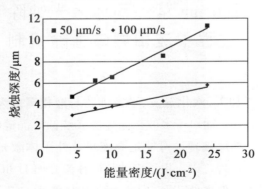

图 7 – 13　266 nm 紫外固体激光照射 SiC 时激光能量密度
　　　　　和烧蚀深度的关系

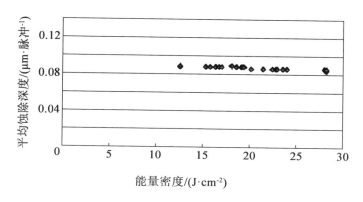

图 7 – 14　266 nm 紫外固体激光在 SiC 上加工透孔时单脉冲激光的蚀除深度

液相爆破另外一个显著特征是在烧蚀区域的周围会产生均一颗粒,并且颗粒的大小在 1 μm 左右。但是在本项目进行过程中所进行的试验中,无论是激光加工微孔和激光加工微槽的过程中,在烧蚀区域周边所观测到的颗粒如图 7 – 15 和图 7 – 16 所示。图 7 – 15 和图 7 – 16 中,颗粒的大小明显呈现不同的尺寸,而非均一的尺寸。

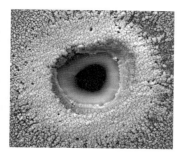

　　（a）单脉冲　　　　　　　　（b）多脉冲

图 7 – 15　266 nm 紫外固体激光在 SiC 上加工微孔的 SEM 图片

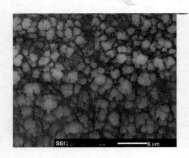

图 7 – 16　266 nm 紫外固体激光在 SiC 上加工微槽时微槽周边颗粒的 SEM 图片

　　综上,对于 266 nm 紫外固体激光加工 SiC 晶体的过程中,不具备液相爆破的两种典型特征,因此,液相爆破不是 266 nm 紫外固体激光加工 SiC 晶体的蚀除机理。可能存在如下的原因,SiC 晶体和 Si 晶体相比,SiC 晶体是多晶体而 Si 晶体是单晶,因此,SiC 晶体在高温环境下会分解成 Si 和 C 两种元素,两种元素在高于液相爆破阈值的环境下不能够均匀成核,因此影响液相爆破的形成。

　　266 nm 紫外固体激光烧蚀 SiC 的机理还需要进行深入的研究。

7.5　266 nm 紫外固体激光蚀除 SiC 的加工质量

　　本节研究了 266 nm 紫外固体激光加工 SiC 的加工质量,主要包括微裂纹、加工变质层以及加工区域周围的熔融物质。

7.5.1　微裂纹

　　在采用不同脉冲能量的激光打孔的试验中,随着脉冲能量的不同,孔周边存在大量从烧蚀区域抛出的熔融物质,需要进行适当的清洗以去除熔融物质后进行观测,通过 SEM 大量观测激光加工微孔的正面和背面图片如图 7 – 17 所示。从图 7 – 17 中可以看出,无论高能量还是低能量加工通孔的入口和出口处,均未观测到沿孔法线方向的微裂纹。但当能量较高时,通孔背面出口处发生较大范围的整体剥离,表明激光加工时存在较大的冲击波。多波长激光在 SiC 晶体上加工微槽的 SEM 图片如图 7 – 18 所示,在微槽的正面和背面的 SEM 图片中,也均未发现微裂纹的存在。

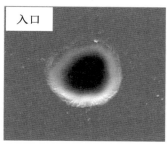 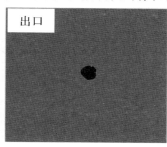

（a）低能量激光加工通孔

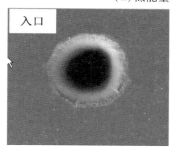 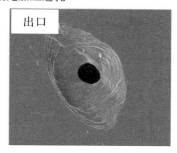

（b）高能量激光加工通孔

图 7 – 17　266 nm 紫外固体激光在 SiC 上加工通孔的 SEM 图片

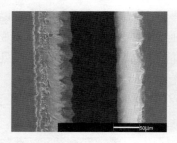

（a）微槽正面　　　　　　　　　（b）微槽背面

图 7 - 18　266 nm 紫外固体激光在 SiC 上加工通孔的 SEM 图片

7.5.2　加工变质层

激光加工区域存在着加工变质层,加工变质层的成分及厚度对晶体材料的应用有着非常大的影响。加工变质层主要表现在材料组成成分的变化以及变质层的厚度。本节研究了 266 nm 紫外固体激光在 SiC 上加工微槽的变质层。工件被加工后,用切割机切开后进行超声清洗,利用 SEM 进行了能谱分析,如图 7 - 19 所示。从图 7 - 19 中可以看出,加工变质层区域的氧元素质量分数极高,达到 40% 以上。

由于激光加工 SiC 所产生的加工变质层主要是由硅的氧化物、硅以及不定性硅的化合物组成,因此可以利用高浓度的 HF 酸和 HNO_3 酸进行清洗,主要过程如化学反应式（H1）、（H2）和（H3）所示：

$$Si(s) + HNO_3(aq) \longrightarrow SiO_2(s) + 2H_2O(aq) + 4NO_2(g) \quad (H1)$$

$$SiC(amorphous) + 2HNO_3(aq) + 2H_2O \longrightarrow$$
$$2HNO_2(aq) + SiO_2(s) + CO_2(g) + 2H_2(g) \quad (H2)$$

$$SiO_2(s) + 6HF(aq) \longrightarrow H_2SiF_6(aq) + 2H_2O(aq) \quad (H3)$$

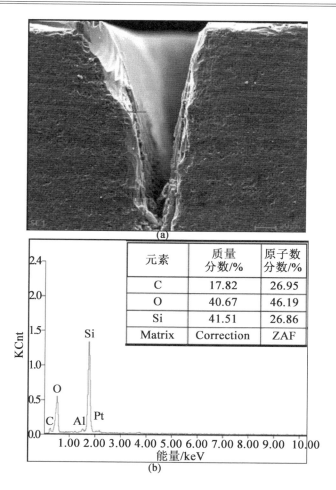

图 7 – 19　266 nm 紫外固体激光加工在 SiC 上加工微槽上变质
层的能谱图

　　对经过高浓度的 HF 和 HNO₃ 清洗过的工件进行能谱分析,
如图 7 – 20 所示,可以看出氧元素的含量大幅度降低,可见利用
高浓度的 HF 酸和 HNO₃ 酸进行清洗可以有效改善变质层。

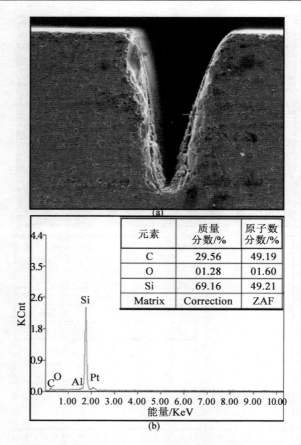

图 7 – 20　266 nm 紫外固体激光加工在 SiC 上经过强酸处理过微槽的能谱图

7.5.3　熔融物的抛出及处理方法

　　激光加工区域周围的熔融物,对于微结构的应用有着较大的负面作用,如何控制和消除熔融物,对微结构的应用有着重要的意义。熔融物的产生和激光加工的机理密切相关,266 nm 紫外固体激光加工 SiC 的主要作用机理为光化学蚀除、光热蚀除、光物理蚀除。从理论上来讲,由于光化学蚀除是破坏材料的原子(或分子)键,因此抛出物应该很容易去除,通过超声清洗就能够把抛出物从加工区域的周围进行清除。光热蚀除的熔融物的组成比较复杂,既有由于汽化产生的抛出物,也有由于材料成核以后从烧蚀区域中心抛出的液滴,因此抛出物的清除比较困难,由于汽化产生的抛出物可以通过超声清洗进行清除,而烧蚀区域中心抛出的液滴会凝固在加工区域的周围,利用简单的超声清洗已经不能很好地去除抛出物。图 7 - 21 所示为 266 nm 紫外固体激光加工在 SiC 上加工微孔后熔融物经过不同清理后的图片。图 7 - 21(a)是在 SiC 上加工通孔后未经任何处理的 SEM 图片。从图 7 - 21(a)中可看出,熔融物所占的区域是加工通孔的 3 倍多,熔融物主要分布在加工区域的附近。图 7 - 21(b)是试件放在乙醇中进行超声清洗 30 min 后的 SEM 图片。从图 7 - 21(b)中可看出,超声清洗能够去除部分的熔融物,但是在通孔的周边还存在一定量的熔融物。从侧面可证明,此加工中光热蚀除机理占据较为主要的地位。图 7 - 21(c)是试件放在乙醇中进行超声清洗 30 min,再把试件依次放入 40%(质量分数)的 HF 中 30 min,60%(质量分数)的 HNO_3 中 30 min 后,利用 SEM 检测得到的图片。从图 7 - 21(c)中可以看出,加工区域周边基本没有熔融物存在。

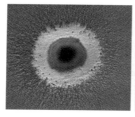 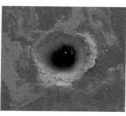 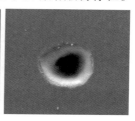

　　(a)未处理　　　　(b)超声清洗(乙醇中)　　(c)超声清洗 + 酸洗

图 7 - 21　266 nm 紫外固体激光在 SiC 上加工微孔的熔融物抛出及处理后的图片

7.6 266 nm 紫外固体激光加工 SiC 微结构

本节对 266 nm 紫外固体激光加工 SiC 的加工工艺进行了研究,加工了典型微结构。

7.6.1 266 nm 紫外固体激光烧蚀 SiC 的烧蚀阈值

选择不同单脉冲能量的激光照射 SiC 表面,通过扫描电子显微镜测量烧蚀区域的直径,通过计算可得到 266 nm 紫外固体激光烧蚀 SiC 的烧蚀阈值和束腰半径。

对于高斯光束,空间能量密度分布与光束束腰半径间的关系为

$$F(r) = F_0 e^{2r^2/\omega_0^2} \qquad (7-12)$$

式中 $F(r)$——空间能量密度分布;

F_0——激光束的能量密度;

r——光束边缘到光束中心的距离;

ω_0——高斯光束束腰。

激光的能量密度与脉冲能量的关系为

$$F_0 = \frac{2E_p}{\pi\omega_0^2} \qquad (7-13)$$

式中 E_p——激光的脉冲能量。

在高斯激光束烧蚀材料的作用过程中,激光烧蚀区域和激光能量密度以及激光光束束腰之间存在如式(7-14)所示的规律,即

$$D^2 = 2\omega_0^2 \ln\left(\frac{F_0}{F_{th}}\right) \qquad (7-14)$$

式中 D——烧蚀区域直径;

F_{th}——材料的烧蚀阈值。

单脉冲 266 nm 紫外固体激光在 SiC 表面烧蚀孔的 SEM 图片,如图 7-22 所示。通过测量不同单脉冲能量烧蚀孔的孔径,

得到单脉冲紫外固体激光在 SiC 表面烧蚀孔径与激光脉冲能量的关系,如图 7-23 所示,得到了激光束脉冲能量和烧蚀区域直径的关系,计算得到单脉冲紫外固体激光烧蚀 SiC 的烧蚀阈值为0.92 J/cm²。

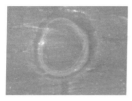

图 7 - 22　单脉冲 266 nm 紫外固体激光在 SiC 表面烧蚀孔的 SEM 图片

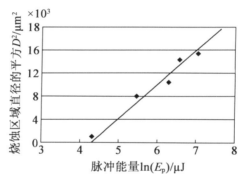

图 7 - 23　单脉冲 266 nm 紫外固体激光照射 SiC 表面烧蚀孔孔径与激光脉冲能量的关系

7.6.2　266 nm 紫外固体激光在 SiC 上加工微槽

1. 脉冲能量的影响

在重复频率为 50 Hz,扫描速度 50 μm/s、125 μm/s、250 μm/s 的条件下,改变单脉冲能量分别为 22.95 μJ、56.28 μJ、113.33 μJ、236.83 μJ、384.17 μJ,测量不同脉冲能量对微槽宽度的影响规律。微槽宽度随脉冲能量的变化,如图 7-24 所示。烧蚀区域微槽宽度的大小随着激光脉冲能量的增加而增大,微槽宽度的增加呈对数规律,最终将达到一个恒定值。激光扫描工件时烧蚀区域横向尺寸存在极限值,对应一个极限激光脉冲能量。当低于极限脉冲能量进行加工时,烧蚀区域横向尺寸随着脉冲能量的增加而增加;当激光脉冲能量大于极限脉冲能量时,脉冲能量的增大就不会对烧蚀区域横向尺寸产生明显的影响。

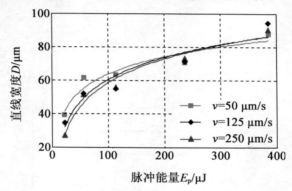

图 7 – 24　微槽宽度随脉冲能量的变化

在激光加工过程中,光束透镜聚焦到加工材料表面,透镜将高斯光束由一种光束参数转换成一种新的光束参数,如图 7 – 25 所示,在聚焦平面入射光束半径 R' 和光束的束腰 ω_0 存在以下关系式:

$$\omega_0 = \frac{f\lambda}{\pi R'} \qquad (7-15)$$

式中　f——焦距;

　　　R'——入射光束半径。

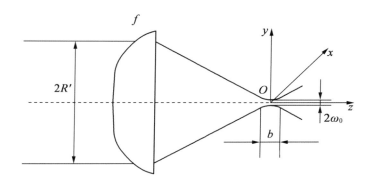

图 7 - 25　通过透镜转换的高斯光束

由式(7 - 15)可知,可以通过增加入射光束直径、缩短聚焦长度或波长得到足够小的光斑。在试验中,激光的波长是不变的,通过缩短透镜聚焦长度得到较小光斑,在聚焦光斑直径范围内,材料被有效地去除,在聚焦光束长度范围内,光束聚焦直径几乎保持不变,聚焦长度可以通过下式得到:

$$b = \frac{2\pi\omega_0^2}{\lambda} \qquad (7 - 16)$$

式中　b——聚焦光束长度。

光束的聚焦长度被称为瑞利范围,激光微细加工需要将工件放置在瑞利范围内以避免光束发散。由式(7 - 16)可知,聚焦长度与光束束腰半径的平方成比例,聚焦长度随着光束束腰半径的减少而减少,因此,在激光加工中,光束聚焦光斑尺寸不能被降低很多。

使用相同透镜,聚焦光斑直径不变,在高斯光束中加工直径根据不同的能量水平发生变化,如图 7 - 26 所示,由于激光束中的高斯强度分布,只有激光能量密度高于 F_1 的区域被加工,因此,当光束束腰一定时,激光能量密度随着脉冲能量的增加而增加,加工区域直径随着能量密度的增加而变大,加工横向尺寸的极限值应为光束束腰直径。

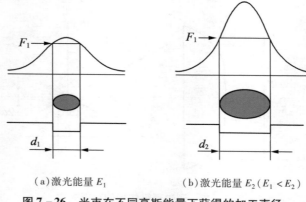

(a) 激光能量 E_1　　　　　(b) 激光能量 $E_2(E_1 < E_2)$

图 7 - 26　光束在不同高斯能量下获得的加工直径

影响烧蚀区域横向尺寸极限值的主要原因是激光束腰光斑尺寸,紫外激光为高斯光束,即在脉冲中心处脉冲能量最高,脉冲能量从激光光斑中心到边缘逐渐减小。所以紫外激光扫描工件时,材料的烧蚀量下降,材料加工区域边缘的脉冲能量会更小。

在重复频率 50 Hz,扫描速度 50 μm/s、100 μm/s 的条件下,改变脉冲能量分别为 113.33 μJ、236.83 μJ、384.17 μJ、539.60 μJ、743.60 μJ,测量不同脉冲能量对微槽深度的影响规律。微槽深度随脉冲能量的变化,如图 7 - 27 所示。烧蚀区域微槽深度的大小随着激光脉冲能量的增加而增大。激光能量密度随着脉冲能量的增加而增大,较大的激光能量密度能得到更大的烧蚀深度。

2. 扫描速度的影响

扫描速度决定了生产效率,在保证加工质量的前提下,尽量提高扫描速度可以提高生产效率,降低加工成本。

扫描速度的改变影响着光斑重叠率,光斑重叠率随着扫描速度的减小而变大,较大的光斑重叠率可以使作用于材料表面的脉冲能量变大。微槽宽度随扫描速度的变化,如图 7 - 28 所示。在

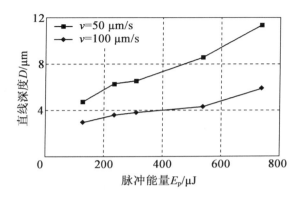

图 7 - 27　微槽深度随脉冲能量的变化

重复频率为 50 Hz，脉冲能量为 113.33 μJ、384.17 μJ 的条件下，改变扫描速度分别为 50 μm/s、125 μm/s、250 μm/s、375 μm/s、500 μm/s、750 μm/s、1 000 μm/s，测量不同扫描速度对微槽宽度的影响规律，从图 7 - 28 中可以看出，相同脉冲能量时，扫描速度增加，微槽宽度有逐渐变小的趋势。

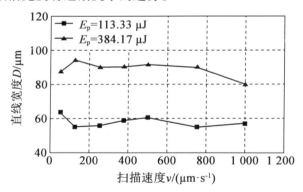

图 7 - 28　微槽宽度随扫描速度的变化

在重复频率为 50 Hz，脉冲能量为 738.00 μJ 时，不同扫描速度加工 SiC 的横截面 SEM 图片，如图 7 - 29 所示。微槽深度随扫描速度的变化，如图 7 - 30 所示，在重复频率为 50 Hz，脉冲能量为 738.00 μJ、539.20 μJ、236.83 μJ 的条件下，改变扫描速度分别为 25 μm/s、50 μm/s、150 μm/s、250 μm/s、375 μm/s、500 μm/s，测量不同扫描速度对微槽深度的影响规律，由图 7 – 30 可知，在激光脉冲能量相同时，微槽深度随着扫描速度的增加而变小。

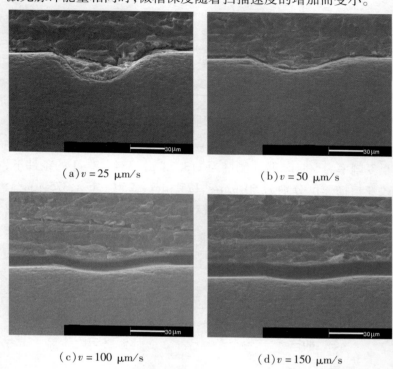

(a) $v = 25$ μm/s   (b) $v = 50$ μm/s

(c) $v = 100$ μm/s   (d) $v = 150$ μm/s

图 7 – 29　不同扫描速度加工 SiC 的横截面 SEM 图片

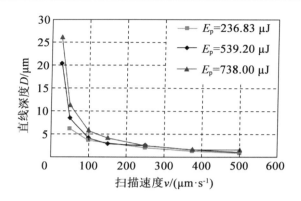

图 7 - 30 微槽深度随扫描速度的变化

3. 扫描次数的影响

在激光进行微细加工时为了得到需要的深度加工尺寸,需要进行多次扫描,在重复频率为 50 Hz,脉冲能量为 470.20 μJ,扫描速度分别为 100 μm/s、150 μm/s 的条件下,扫描次数分别为 1 次、3 次、5 次、7 次、10 次,测量扫描次数对微槽宽度的影响规律,微槽宽度随扫描次数的变化,如图 7 - 31 所示。其宽度在 93 ~ 101 μm,随着扫描次数的增加呈无规律变化。由于重复加工时,材料相同区域较长的激光照射时间间隔会得到较少的热效应累计,因此微槽宽度的极限值较小,随着扫描次数的增加微槽宽度无明显变化。较高的扫描速度会降低激光加工区域的烧蚀现象,这会给测量带来难度,因为加工区域与未加工区域不能被明显地区分,加工区域的烧蚀现象随着扫描次数的增加而变得明显。

在重复频率为 50 Hz,脉冲能量为 470.20 μJ,扫描速度分别为 150 μm/s、250 μm/s 的条件下,扫描次数分别为 1 次、3 次、5 次、7 次、10 次,测量不同扫描次数对微槽深度的影响规律。微槽深度随扫描次数的变化,如图 7 - 32 所示,微槽深度随扫描次数的增加而变深,微槽深度随扫描次数的增加呈现线性规律。

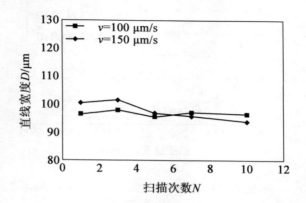

图 7 - 31   微槽宽度随扫描次数的变化

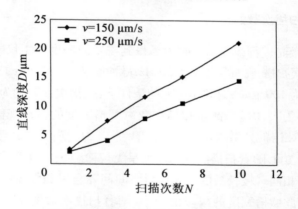

图 7 - 32   微槽深度随扫描次数的变化

4. 重复频率的影响

在平均脉冲能量为 530.40 μJ,扫描速度分别为 50 μm/s、150 μm/s、500 μm/s 的条件下,改变重复频率分别为 30 Hz、40 Hz、50 Hz、60 Hz、70 Hz,测量不同重复频率对微槽宽度的影响规律。微槽宽度随重复频率的变化,如图 7 - 33 所示,其微槽宽度在 85 ~ 110 μm。

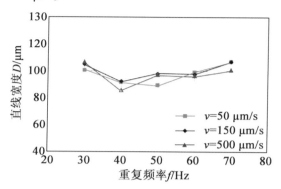

图 7 – 33　微槽宽度随重复频率的变化

在平均脉冲能量为 530.40 μJ,扫描速度分别为 25 μm/s、50 μm/s 的条件下,改变重复频率分别为 30 Hz、40 Hz、50 Hz、60 Hz、70 Hz,测量不同重复频率对微槽深度的影响规律。微槽深度随重复频率的变化,如图 7 – 34 所示,微槽深度随重复频率的变大而变深。在实际加工中,在相同作用时间条件下,作用至材料表面的脉冲数量随着重复频率的增加而增加,增加的脉冲数量使材料发生更深的去除,影响了加工的深度。

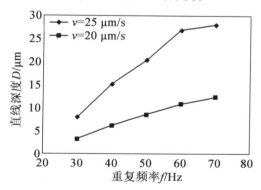

图 7 – 34　微槽深度随重复频率的变化

综上分析,微槽深度随着脉冲能量、重复频率、扫描次数的增加而增加,扫描速度的减小而增大,但是随着加工参数的改变,微槽深度有一定的加工极限。在实际加工中,为了得到较大的纵深比,需进行多次扫描加工,在每次加工后,通过重新调整聚焦透镜聚焦长度以得到更大的加工效率。

7.6.3　266 nm 紫外固体激光在 SiC 上加工微细结构

通过对 266 nm 紫外固体激光在 SiC 上加工微孔和微槽的试验研究,确定了 266 nm 紫外固体激光烧蚀 SiC 的烧蚀阈值,探讨了 266 nm 紫外固体激光在 SiC 上烧蚀所能达到的理想尺寸。通过在 SiC 表面加工微孔和微槽,确定了 266 nm 紫外固体激光加工主要参数(如脉冲能量、脉冲数量、扫描速度等)与加工微细结构的横向与纵向尺寸的关系。利用聚焦的紫外激光束扫描固定在工作台上 SiC 晶体而加工出微小结构,如图 7 - 35 所示。加工后的微小结构放在装有乙醇的超声波清洗仪中进行清洗 30 min,用于去除材料表面的颗粒物,放入 40%(质量分数)的 HF 中腐蚀 30 min 用于去除加工过程中由于 Si 和氧气结合产生的 SiO_2,最后放入 60%(质量分数)的 HNO_3 中去除加工过程中产生的非晶态的 SiC。从图 7 - 35 中可以看出,加工的微小结构周围很清洁,基本上没有熔融物质的存在,但是加工的质量还需要进一步的提高。

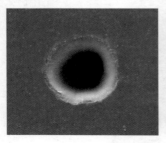
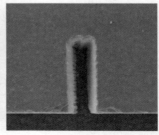

(a)微孔　　　　　　　　　(b)微槽

图 7 - 35　266 nm 紫外固体激光在 SiC 表面加工的典型微细结构

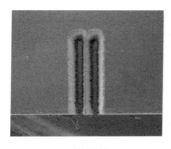 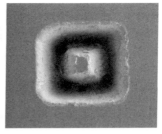

(c)微悬梁　　　　　(d)微细方形微柱

续图 7 – 35

本节对 266 nm 紫外固体激光加工 SiC 进行了工艺研究,利用 266 nm 紫外固体激光在 SiC 上加工微孔、微槽及典型的微细结构,得到了 266 nm 紫外固体激光加工 SiC 的烧蚀阈值,获得了激光主要参数(激光脉冲能量、重复频率)和运动参数(照射时间和扫描速度等)对微细结构的横向和纵向尺寸的影响规律,并得到了优化的加工参数。在 SiC 上加工微盲孔、透孔、微盲槽、微透槽、悬臂梁、方形微结构等。本节为固体激光加工 SiC 在 MEMS 中的广泛应用奠定基础,也为实现固体激光高效精密加工 SiC 微结构提供了新技术。

第8章　激光加工安全防护及标准

8.1　激光的危险性

在激光发展的初期,人们已经认识到激光的危险性。随着激光技术的飞速发展,特别是各种大功率、多波长、超短脉冲的激光器在激光加工中的广泛应用,充分认识激光束的危险性,采取适当的安全措施,确保人员和设备的安全是激光加工技术的关键之一。

由于激光束具有单色性、发散角小和高相干性的性质,在小范围内容易聚集大量的能量,一旦摄入人眼,聚集后达到眼底的辐照度和辐照量可增大几万倍,几毫瓦的 He – Ne 激光束聚焦到视网膜上的辐照度和辐射量可明显大于太阳光照射的结果。在激光加工中使用激光器的功率和能量日益增大的情况下,不仅对人眼,而且对皮肤也可能造成严重的损伤。

激光加工系统工作时,除了激光束本身的危险性以外,还存在其他的潜在危险。许多激光加工设备使用高电压,高压电击成为伴随激光加工的主要危险。激光加工的其他危险还包括激光器泄漏与加工过程中产生的有害物质、电离辐射等,除激光以外还伴随的其他辐射,如闪光管及放电管的紫外辐射,低温冷却剂、易燃易爆物品在激光以外照射下也可发生事故,激光加工设备可能存在的机器伤害等。

激光的危险性主要来自两个方面:光危害和非光危害。

8.1.1　光危害

激光的高强度使得它与生物组织产生比较剧烈的光化学、光热、光波电磁场、声等交互作用,从而会造成对生物组织严重的伤害。生物组织吸收了激光能量后会引起温度的突然上升,这就是热效应。热效应损伤的程度是由曝光时间、激光波长、能量密度、曝光面积以及组织的类型共同决定。声效应是由激光诱导的冲击波产生的。冲击波在组织中传播时会使局部组织气化,最终导致组织产生不可逆转的伤害。激光还具有光化学效应,诱发细胞内的化学物质发生改变,从而对生物组织产生伤害。

1. 对人眼睛的损伤

眼球是很精细的光能接收器,它是由不同屈光介质和光感受器组成的极灵敏光学系统,人眼对不同波长的光辐射具有不同的

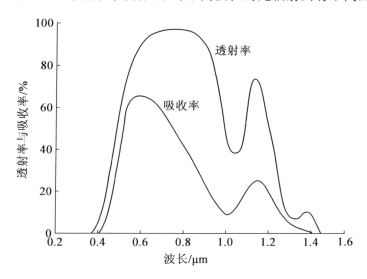

图 8 - 1　人眼透射率和视网膜吸收率与入射激光波长的关系

透射率与吸收特征。如图 8 - 1 所示,人眼角膜透过的光辐射主要在 0.3 ~ 2.5 μm 波段范围内,而波长小于 0.3 μm 和大于 2.5 μm 的光辐射将被吸收均不能透过角膜。一般来说,在 0.4 ~ 1.4 μm 波段,晶体透过率较高,占 80% 以上,其两侧的波段很少能透过晶体。玻璃体也可透过 0.4 ~ 1.4 μm 的光辐射。

目前,常用的激光振荡器波长从 0.2 μm 的紫外线开始,包括可见光、近红外线、中红外线到远红外线。由于人眼的各个部分对不同波长光辐射的透射与吸收不同,对人眼的灼伤部位与损伤程度也不同。一般来说,紫外线与远红外线在一定范围内主要损伤角膜,可见光与近红外波段的激光主要损伤视网膜,超过一定剂量范围各波段激光可同时损伤角膜、晶体与视网膜,并可造成其他屈光介质的损伤。

总之,由于人眼球前部组织对紫外线与红外激光辐射比较敏感,在激光的照射下很容易造成白内障;激光对视网膜的损伤则主要由于可见激光(如红宝石、氩离子、氪离子、氦氖、氦镉与倍频钕激光等)与红外线激光(如钕激光等)均能透过眼屈光介质到达视网膜,其透射率在 42% ~ 88%,视网膜与脉络膜有效吸收率在 5.4% ~ 65%。其中倍频钕激光发射 0.53 μm 波长,十分接近血红蛋白的吸收率,因此倍频钕激光容易被视网膜与脉络膜吸收。由于造成眼底损伤的能量很低,很少的能量就可以产生较严重的损害,将视网膜局部破坏,成为永久性的伤害。

2. 对皮肤的损伤

人的皮肤比眼睛对激光辐照具有较好的耐受度,但高强度的激光对人的皮肤也易造成损伤。可见光(0.4 ~ 0.7 μm)和红外光谱(0.7 ~ 1.06 μm)范围的激光辐射可使皮肤出现轻度细斑,继而发展成水疱;超短脉冲、高峰值大功率激光辐照后,表面吸引力较强的组织易出现炭化,而不出现红斑。

皮肤可分为两层:最外层的表皮和内层的真皮。一般而言,位于皮下层的黑色素粒是皮肤中最主要的吸光体。黑色素粒对可见光、近紫外线和红外线的反射比有明显的差异,人体皮肤颜色对反射比也有很大的影响。反射比是在一定条件下反射的辐射功率与入射的辐射功率之比。皮肤对于大约 3 μm 波长的远红外激光的吸收发生在表层;对于波长 0.69 μm 的激光,不同肤色的人,反射比可以在 0.35 ~ 0.57 变化;对于波长短于0.3 μm的紫外线,皮肤的反射比大约为 0.05,几乎全部吸收。

极强激光的辐射可造成皮肤的色素沉着、溃疡、瘢痕形成和皮下组织的损伤。研究表明,在特殊条件下人体组织的小区域可能对反复的局部照射敏感,从而改变了最轻反应的照射剂量,因此在低剂量照射时组织的反应非常严重。因此使用强激光加工机时,要尽量避免漫反射光、散射光对操作人员的照射,以防出现长期照射带来的慢性损伤。

8.1.2　非光的危害

激光器除了直接与生物组织产生作用造成损伤外,还可能通过空化气泡、毒性物质、电离辐射和电击对人体产生伤害。

1. 电危害

大多数激光设备使用高压(大于 1 kV),具有电击危险。安装激光仪器时,可能接触暴露的电源、电线等。激光器的高压供电电源以及大电容器也可能造成电击危害。

2. 化学危害

某些激光器(如染料激光器、化学激光器)使用的材料(如溴气、氯气、氟气和一氧化碳等)含有毒性物质;一些塑料光纤在切削时会产生苯和氰化物等污染物;石英光纤切削时产生熔融石英;激光轰击材料组织时所产生的烟雾。这些物质均可能会对人体造成危害。

3. 间接辐射危害

高压电源、泵浦灯和等离子体管都能产生间接辐射,包括 X 射线、紫外线、可见光、红外线、微波和射频等。当在靶物质聚焦很高的激光能量时,会产生等离子体,也是间接辐射的一个重要来源。

4. 其他一些危害

低温冷却剂危害、重金属危害、激光器中压缩气体的危害、失火和噪声等。由于使用激光器时潜在的危害较多,激光设备应当给予更多的关注并且进行定期专门的检查。

8.2　激光危险性分类

激光器的非光危害大多可借助适当的装置及措施加以防范和避免。因此,激光的主要危害还是来自激光束本身。根据激光的危害程度加以分级,可以分别采取适当的安全措施,避免可能存在的不安全。

8.2.1　分级过程

首先,根据激光辐射的危害将其分类,制定出相应的激光安全标准。对生物组织产生危害的激光参数有:激光输出能量(或功率)、波长、曝光时间等。除此以外,激光的分类还应与同类激光所允许的最大辐射极限一致。

其次,根据不同危害级别制订了详细的控制措施。这样可以去除一些为确保安全而重复指定的限制措施。美国国家标准局就是按照这个方法制定了 Z136 激光安全标准。

8.2.2　分级

在激光分级时,主要依据的激光器输出参数有:波长或波长范围、功率或平均功率、单脉冲最大能量、脉冲宽度、脉冲最大重复率、系列脉冲平均能量及脉冲能量相对平均值的变化、发射持续时间、可达发射水平、用于测量辐射的光栏孔径。一般将激光产品划分为 5 个级别,即 1 级、2 级、3 级(3A 级、3B 级)和 4 级,对每一类别都规定了发射的最高极限。激光分级的规定如下。

1 级:最低的激光能量等级,又称为安全激光(Exempt Laser)。这一级的激光在正常操作下被认为是无危害,甚至输出激光由光学系统聚焦到人的瞳孔也不会产生伤害。如果红外或紫外激光在一次激光手术的最大允许曝光时间内对眼睛和皮肤不产生伤害,通常也认为是 1 级的;大多数激光不属于 1 级,但是把它们用于手术或者制成仪器时,最终的系统可达到 1 级标准。典型的 1级激光为超市里的扫描仪和 CD 机里的激光二极管。

2 级:2 级被称为"低功率"或者"低危害"激光。2 级激光一般被限制在 400 ~ 700 nm 的可见光光谱段。如果观察者克服对强光的自然避害反应并且盯着光源看,这样才能产生伤害。通常,人都具有避害反应,所以这一级激光一般不会产生伤害。2 级激光应该贴上标签,警告人们不要盯着光束看。人的避害反应只针对可见光,非可见的激光没有列入。典型的 2 级激光为激光笔和激光针。

3 级:这一级别被称为中等功率的激光和激光系统,激光功率一般高于 1.0 mW。"中等功率"或"中等危害"是指在避害反应时间(通常眨眼时间为 0.25 s)内能够对人眼产生伤害。正常使用 3 级激光不会对皮肤产生伤害且无漫反射危害反应。使用 3级激光需要控制措施来保证不要直视光束或通过镜面反射的光束。典型的 3 级激光为理疗激光和一些眼科激光。3 级激光通常又分为 3A 和 3B 两个亚级别。

3A 级：该级的激光光束功率一般在 1～5 mW，强度不超过 25 W/m² 的可见光。用肉眼注视激光极短的时间不会产生危害，如果通过汇聚镜片则会产生较大的危害。连续可见的氦氖激光属于这一级，非可见光激光不属于这一级。

3B 级：该级的激光的光束功率一般在 5～500 mW，这类激光通过镜面反射和光束内观察都会产生危害。除了高功率 3B 级激光之外，其他的 3B 级激光不会产生有害的漫反射。

4 级：该级激光束的输出功率一般高于 0.5 W，属大功率激光和激光系统。该级别激光具有最大的潜在危害并且可以引起燃烧。这一类激光不但可以通过直视和镜面反射产生伤害，还可以通过漫反射产生危害。这一级激光需要更多的限制措施和警告。大多数工业用激光属于 4 级。

8.3 激光产品的安全防护

危害程度大小不同的激光产品，其使用时的安全防护措施不相同。

1 级激光产品：1 级激光产品是固有安全激光产品，该级产品所发生的激光辐射不会对人体造成危害，因此，不需要采取任何激光防护措施。

2 级激光产品：2 级激光产品的激光照射到眼睛时，可能损伤肉眼，所以在使用该类产品时，不能直视激光束，头部应避开激光束照射，尽可能让激光束在有用光路的末端终止。

3A 级激光产品：3A 级激光产品的激光辐射对肉眼的伤害较大，采取的措施是确保工作人员的肉眼不直视激光束，禁止用光学仪器观看，激光不能超过其受控区。

3B 级激光产品：3B 级激光辐射或镜反射对人有潜在的危害，故除采取以上措施外，还要做到以下几点：①尽可能使激光束光路的末端终止在漫反射材料上;②戴防护镜;③在 3B 级激光产品的工作应采取工程控制措施,如设置屏障,设置光束横向、纵向限度的连锁装置;④在 3B 级激光工作区的出入口处必须悬挂标准的激光警告标志。

4 级激光产品:4 级激光产品所辐射的激光束、镜反射以及漫反射都对眼睛和皮肤有伤害,严重时甚至引起火灾。因此对其防护还应注意以下几点:①光路应尽可能封闭;②应尽量避开工作面;③尽可能采取遥控操作;④易诱发火灾,所以其光束终止器最好选用能充分冷却的金属物或石墨电极;⑤防止不必要的远红外激光辐射的反射,且在光束周围及靶标周围应由不投射所用波长极广的材料围封;⑥在 4 级激光束的光路中,准直用的光学元器件要进行初始检查和定期检查。

8.4　激光防护

8.4.1　激光防护的主要技术指标

对于 3 级和 4 级激光的防护就是采用激光防护镜,对光电传感器的激光防护通常又称为抗激光加固技术。激光防护镜包括防护目镜、面罩及用特殊滤光物质或反射镀膜技术做成的专业眼罩。这些眼罩可以保护眼睛不受到激光的物理伤害和化学伤害。激光防护包括以下主要技术指标。

1. 防护带宽

作为防护材料的一个重要参数,表示该种材料所能对抗的光谱宽度。滤光镜的带宽通常以半功率点处的宽度来规定,它直接影响到滤激光镜的使用特征。

2. 光学密度

防护材料对激光辐射能量的衰减程度,常用 OD 表示:

$$OD = \lg\left(\frac{1}{T_\lambda}\right) = \lg(I_i I_t) \tag{8-1}$$

式中　T_λ——防护材料对波长为 λ 的入射激光的透过率;

　　　　I_i——入射到防护材料的激光强度;

　　　　I_t——透过防护材料的激光强度。

式(8-1)表明,如果滤光镜的光密度为3,能够使得激光的强度减弱到原来的 $1/10^3$;如果光密度为 6,则可使光强减弱到 $1/10^6$。当两个滤光镜叠加在一起使用,它对各种波长的光密度大约是两个滤光镜各自光密度之和。激光滤光镜的另一技术指标是可见光透过率。对于防护镜,要求它的白光透过率要足够高,以减少眼睛的疲劳现象。

3. 响应时间

响应时间是从激光照射在防护材料上至防护材料起到防护作用的时间。防护材料的响应时间越短越好。

4. 破坏阈值

破坏阈值是防护材料可承受的最大激光能量密度或功率密度。这个指标直接决定防护材料防护激光的能力。

5. 光谱透射率

光谱透射率必须用峰值透射率和平均透射率两个值来确定。吸收型滤光镜以较好的平均透过率来提供较低的光学密度,而反射行滤光镜通常牺牲平均透射率但有较高的光学密度。反射型滤光镜的主要优点是可以增加光谱通带上的平均透射率。

6. 防护角

对入射激光能达到安全防护的视角范围。

激光防护所采用的方法可分为：基于线性光学原理的滤光镜技术，它包括吸收型滤光镜、反射型滤光镜以及吸收反射型滤光镜、相干滤光镜、褶皱式滤光镜、全息滤光镜等；基于非线性光学原理的有光学开关型滤光镜、自聚焦/自散焦限幅器、热透镜限幅器和光折射限幅器等。

8.4.2　激光防护的通用操作规则

（1）绝对不能直视激光光束，尤其是原光束，也不能直视反射镜发射的激光束。操作激光时，一定要将具有镜面反射的物体放置到合适的位置或者搬走。

（2）为了减少人眼瞳孔充分扩张，减少对眼睛的伤害，应该在照明良好的情况下操作激光器。同时，接触激光源的人员一定要戴激光防护镜。

（3）不要对近目标或试验室墙壁发射激光。

（4）不能佩戴珠宝首饰，因为激光可能通过珠宝产生反射造成对眼睛或皮肤的伤害。

（5）如果怀疑激光器存在潜在危险，一定要停止工作然后立即对激光安全工作者进行检查。

（6）每一种激光器和激光设备都应该为操作者提供最大的安全保护措施。一般只允许 1 级、2 级、3A 级激光用于试验演示。

8.4.3　激光加工的安全防护

大功率激光器用于材料加工提高了劳动效率和工作质量，能够加工其他方法难加工甚至无法加工的材料，因此激光加工技术在机械制造、钢铁、汽车和电子等支柱产业中的作用越来越重要。但在材料加工过程中要保护好工作人员的安全,要注意做到以下几点。

(1)对设备和环境的安全要求。

对大功率或高能量的激光设备,安装时必须装配防护围封,以封闭激光光束通道。激光光路应避开座位或工作人员站立时实现的高度。激光加工作业场的墙壁表面应具有漫反射的光学特征,且吸收激光辐射的性能良好,不能有镜反射发生。

在激光加工作业区的进出口必须有明显的警告标志,如图 8-2所示,激光危害类别及相应警告词语的说明标志,如图 8-3所示。激光器工作时必须有红色指示灯显示。

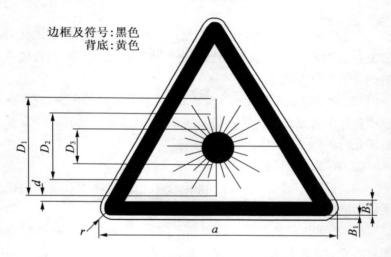

图 8-2　警告标志

在激光加工设备的醒目位置上必须设置激光警告标志、开机信号和应急停机装置,激光加工现场应用良好的通风设施。

激光加工作业场所应配置恰当的防护镜和防护衣。选择防护镜时应考虑下列因素:所使用的激光波长;激光器的辐射量;最大允许照射量;防护镜对激光输出波长的光密度;可见光传输要求;损坏防护镜的辐射量;对防护镜片的质量要求;舒适和通风要求;吸收介质特征的退化;材料强度;周边视野的要求;其他有关的国家标准或规定。

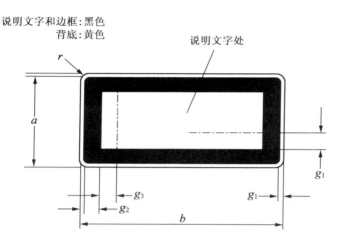

图 8 - 3　警告标志说明

防护衣的作用应使大功率激光辐射不构成对工作人员皮肤的危害,还要有一定的防火、耐热性。图示说明见表 8 - 1 和表8 - 2。

表 8 - 1　图示说明(1)

a	g_1	g_2	r	D_1	D_2	D_3	d
25	0.5	1.5	1.25	10.5	7	3.5	0.5
50	1	1.5	1.25	10.5	7	3.5	0.5
100	2	6	5	42	28	14	2
150	3	9	7.5	63	42	21	3
200	4	12	10	84	56	28	4
400	8	24	20	168	112	56	8
600	12	36	30	252	168	84	12

注:D_1、D_2、D_3、g_1 是推荐值。

表8-2 图示说明(2)

$a \times b$	g_1	g_2	g_3	r	文字的最小字号
26×52	1	4	4	2	
52×105	1.6	5	5	3.2	
74×148	2	6	7.5	4	
100×250	2.5	8	12.5	5	文字最小字号
140×200	2.5	10	10	5	的大小必须能
140×250	2.5	10	12.5	5	复制清楚
140×400	3	10	20	6	
200×250	3	12	12.5	6	
200×400	3	12	20	6	
250×400	4	15	25	8	

注:g_1 是推荐值。

(2)对工作人员和生产操作的要求。

在激光加工系统工作时,非本加工作业区的操作人员禁止进入激光加工作业区。激光加工系统周围不能堆放易燃、易爆物品,在激光束可能照射的区域不可放置能产生镜反射的工具或物品。

激光加工是一种特殊的工种,其操作人员必须经过严格的培训教育,经考核合格后,方可上岗工作。

培训必须做到:熟悉激光加工系统的工作过程;严格执行危害控制步骤、正确使用警告标志;做到个人防护;掌握事故报告程序;了解激光对眼和皮肤的生物效应。

从事激光加工作业的人员应根据所使用的激光设备的危险程度和工作需要配置个人防护用品(如防护镜、防护面具、防护衣、防护手套等)。

8.5 激光安全标准

8.5.1 激光安全的国家标准

由于激光的广泛应用,有许多人都可能受到激光的辐照损害。为了减少和预防这种损伤,我国在激光安全方面已经制定了几个标准:

①《激光产品的安全第 1 部分:设备分类、要求》(GB 7247. 1—2012)。中华人民共和国国家质量监督检验检疫总局和中国国家标准化管理委员会 2012 年 12 月 31 日发布,2013 年 12 月 25 日实施。

②《激光设备和设施的电气安全》(GB/T 10320—2011)。中华人民共和国国家质量监督检验检疫总局和中国国家标准化管理委员会 2011 年 12 月 30 日发布,2012 年 5 月 1 日实施。

③《工业场所有害因素职业接触限值第 2 部分:物理因素》(GBZ 2.2—2007)。中华人民共和国卫生部 2007 年 04 月 12 发布,2007 年 11 月 01 日实施。

④国家行业标准《实验室激光安全规则》(JB/T 5524—91)。机械电子工业部 1991 年 7 月 16 日发布,1992 年 7 月 1 日实施。

⑤《激光安全标志》(GB 18217—2000)。国家质量技术监督局 2000 年 10 月 17 日发布,2001 年 6 月 1 日实施。

⑥《激光产品的安全生产者关于激光辐射安全的检查清单》(GB/Z 18461—2001)。中华人民共和国国家质量监督检验检疫总局 2001 年 10 月 8 日发布,2002 年 5 月 1 日实施。

美国在激光安全防护方面也制定了典型激光的保护标准,见表 8 - 3。

表 8 – 3　典型激光的保护标准

激光类型	光波形式	波长	曝光时间	眼视野内光束的保护标准
单脉冲红宝石激光	脉冲式	694.3 nm	1 ns ~ 18 μs	5×10^{-7} J·cm^{-2}/脉冲
单脉冲钕玻璃激光	脉冲式	1 060 nm	1 ns ~ 100 μs	5×10^{-6} J·cm^{-2}/脉冲
连续波氩激光	连续波	488 nm、514.5 nm	0.25 s	2.5 mW·cm^{-2}
连续波氩激光	连续波	488 nm、514.5 nm	4 ~ 8 h	1 μW·cm^{-2}
连续波氦氖激光	连续波	632.8 nm	0.25 s ~ 8 h	2.5 mW·cm^{-2}
铒激光	脉冲式	1 540 nm	1 ns ~ 1 μs	1 J·cm^{-2}/脉冲
连续钕钇铝石榴石激光	连续波	1 064 nm	100 s ~ 8 h	0.5 mW·cm^{-2}
连续 CO_2 激光	连续波	10.6 μm	10 s ~ 8 h	0.1 W·cm^{-2}

8.5.2　激光防护镜标准

《中华人民共和国国家军用标准》(GJB 1762—93)规定了激光防护眼镜生理卫生防护要求,并给出了不同光密度防护镜允许的最大激光辐射量,见表 8 – 4。

表 8 – 4 不同光密度防护镜允许的最大激光辐射量

光密度	巨脉冲激光/$(J \cdot m^{-2})$			长脉冲激光/$(J \cdot m^{-2})$		连续激光(10 s)/$(W \cdot m^{-2})$			
	二倍频YAG	红宝石	基频YAG	红宝石	YAG	Ar^+	HeNe	YAG	CO_2
1	5.0×10^{-2}	5.0×10^{-2}	5.0×10^{-1}	5.0×10^{-1}	5.0	6.3	6.3	5.0	1.0×10^4
2	5.0×10^{-1}	5.0×10^{-1}	5.0	5.0	5.0×10^1	6.3×10^1	6.3×10^1	5.0×10^1	1.0×10^5
3	5.0	5.0	5.0×10^1	5.0×10^1	5.0×10^2	6.3×10^2	6.3×10^2	5.0×10^2	1.0×10^6
4	5.0×10^1	5.0×10^1	5.0×10^2	5.0×10^2	5.0×10^3	6.3×10^3	6.3×10^3	5.0×10^3	1.0×10^7
5	5.0×10^2	5.0×10^2	5.0×10^3	5.0×10^3	5.0×10^4	6.3×10^4	6.3×10^4	5.0×10^4	1.0×10^8
6	5.0×10^3	5.0×10^3	5.0×10^4	5.0×10^4	5.0×10^5	6.3×10^5	6.3×10^5	5.0×10^5	1.0×10^9
7	5.0×10^4	5.0×10^4	5.0×10^5	5.0×10^5	5.0×10^6	6.3×10^6	6.3×10^6	5.0×10^6	1.0×10^{10}
8	5.0×10^5	5.0×10^5	5.0×10^6	5.0×10^6	5.0×10^7	6.3×10^7	6.3×10^7	5.0×10^7	—

参 考 文 献

［1］ 钟掘. 极端制造：制造创新的前言与基础［J］. 中国科学基金,2004(06):330-332.

［2］ STAFE M,MARCU A,PUSCAS N N. Pulsed laser ablation of solids-basic,theory and applications ［M］. Heidelberg:Springer Press, 2014.

［3］ POPRAVE R. 定制光：激光制造技术［M］. 张冬云,译. 武汉:华中科技大学出版社,2016.

［4］ 齐立涛. 超短脉冲激光微细加工技术［M］. 哈尔滨:哈尔滨工程大学出版社,2012.

［5］ 邱健荣. 飞秒激光加工技术：基础与应用［M］. 北京:科学出版社,2018.

［6］ 王清月. 飞秒激光在前沿技术中的应用［M］. 北京:国防工业出版社, 2015.

［7］ 程亚. 超级激光微纳加工原技术与应用［M］. 北京:科学出版社,2016.

［8］ 刘晶儒. 准分子激光技术及应用［M］. 北京:国防工业出版社,2009.

［9］ DULEY W W. UV lasers-effects & applications in materials science［M］. New York:Cambridge University Press, 1996.

［10］ 苑伟政,马炳和. 微机械与微细加工技术［M］. 西安:西北工业大学出版社,2000.

［11］ MAINMAN T H. Stimulated optical radiation in ruby［J］. Nature, 1960, 493:187.

［12］ 陈鹤鸣,赵新彦. 激光原理及应用［M］. 北京:电子工业出

版社, 2009.

[13] 高怀林, 杨艳霞. 工业应用放电泵浦准分子激光器研究进
展[J]. 激光杂志, 2004, 25(4):1－3.

[14] 唐娟, 廖健宏, 蒙红云, 等. 紫外激光器及其在激光加工中
的应用[J]. 激光与光电子学进展, 2007, 44(8):52－26.

[15] KEYES R J, QUIST T M. Injection luminescent pumping of
CaF_2:U3＋ with GaAs diode laser [J]. Applied Physics Let-
ters, 1964, 4(3):50－52.

[16] ZIMMERMANN C, VULETIC V, HEMMERICH A, et al. All
solid state laser source for tunable blue and ultraviolet radiation
[J]. Applied Physics Letters, 1995, 66(18): 2318－2320.

[17] YAP Y K, INAGAKI M, NAKAJIMA S, et al. High-power
fourth－ and fifth－harmonic generation of a Nd:YAG laser by
means of a $CsLiB_6O_{10}$ [J]. Optics Letters, 1996, 21(17):
1348－1350.

[18] YAP Y K, DEKI K, KITATOCHI N, et al. Alleviation of
thermally induced phase mismatch in $CsLiB_6O_{10}$ crystal by
means of temperature-profile compensation [J]. Optics Let-
ters, 1998, 23(13): 1016－1018.

[19] KOJIMA T, KONNO S, FUJIKAWA S, et al. 20W ultravio-
let-beam generation by fourth－harmonic generation of an all-
solid-state laser [J]. Optics Letters, 2000, 25(1): 58－60.

[20] 出来恭一, 森勇介, 佐々木孝友, 等. CLBO 結晶によるNd:
YAGレーザの4 倍波発生特性特にその長時間動作特性
について[J]. 光技術情報誌「ライトエッジ」, 1998,
12:8－13.

[21] 福晶科技. BBO Crystal [EB/OL]. (2018－08－09)[2020－
06－30]. http://gb.castech.com/product/106.html.

[22] 尤晨华, 陆祖康. 用 BBO 晶体获得 200 至 218 nm 的紫外
可调谐辐射 [J]. 中国激光, 1989 (6):327－329.

[23] 陈国夫，杜戈果，王贤华. LD 泵浦 Nd：YVO₄/KTP/BBO 紫外激光器 [J]. 光子学报，1999，28(8)：684－687.

[24] 程光华，于连君，王屹山，等. 高效全固化紫外四倍频激光器的研究[J]. 光学学报，2003，23(3)：330－334.

[25] 谭成桥. LD 泵浦全固态紫外激光器的研究[D]. 长春：中科院长春光机所，2004.

[26] 耿爱丛，张鸿博，王桂玲，等. 实用化全固态 266 nm 激光器的研究[J]. 光电子·激光，2007，18(7)：767－769.

[27] 李修. 全固态高功率 Nd：YAG 激光器及其二次与四次谐波产生的研究[D]. 西安：西北大学，2009.

[28] LIU Q，YAN X P. High power all-solid-state fourth harmonic generation of 266 nm at the pulse repetition rate of 100kHz [J]. Laser Physics Letters，2009，6(3)：203－206.

[29] SUGIOKA K，MEUNIER M，PIQUÉ A. Laser precision microfabrication：激光精确微加工(影印版)[M]. 北京：北京大学出版社，2014.

[30] 耿爱丛. 固体激光器及其应用[M]. 北京：国防工业出版社，2014.

[31] 孔庆鑫，任怀瑾，鲁燕华，等. 全固态紫外激光器研究进展[J]. 光通信技术，2017(5)：34－37.

[32] 李林，李正佳，何艳艳. 全固态紫外激光器研究进展[J]. 激光杂志，2005(26)：1－3.

[33] 柳强，闫兴鹏，陈海龙，等. 高功率全固态紫外激光器研究新进展[J]. 中国激光，2010，37(9)：2289－2298.

[34] 周睿. 大功率、高亮度全固态绿光激光器及紫外激光器研究[D]. 天津：天津大学，2004.

[35] 田明，王菲，李玉瑶，等. 大功率准连续 355 nm 紫外全固态激光器的研究[J]. 激光与光电子学进展，2014(8)：116－119.

[36] JOHANSSON S，BJURSHAGEN S，CANALIAS C，et al. An all solid-state UV source based on a frequency quadrupled，

passively Q – switched 946 nm laser[J]. Optics Express, 2007, 15(2): 449 – 58.

[37] KIMMELMA O P, TITTONEN I, BUCHTER S C. Short pulse, diode pumped, passively Q – switched Nd：YAG laser at 946 nm quadrupled for UV production [J]. Journal of the European Optical Society Rapid Publications, 2008, 3: 08008.

[38] DEYRA L, MARTIAL I, DIDIERJEAN J, et al. Deep – UV 236.5 nm laser by fourth-harmonic generation of a single-crystal fiber Nd：YAG oscillator[J]. Optics Letters, 2014, 39(8): 2236 – 2239.

[39] 聂世琳, 管迎春. 紫外激光器及其在微加工中的应用[J]. 光电工程,2017, 44(12):1169 – 1179.

[40] 聂明明,江业文,柳强,等.“制造用紫外激光器”项目简介[J].激光与光电子学进展,2017,54:123601.

[41] 郑启光,邵丹. 激光加工工艺与设备[M].北京:机械工业出版社,2018.

[42] 赫尔南德斯. 光学设计手册[M].(原书第3版).北京:机械工业出版社, 2018.

[43] VERKATAKRISHNAN K,TAN B. Interconnect microvia drilling with a radially polarized laser beam[J]. Journal of Micromechanics and Microengineering, 2006,16: 2603 – 2607.

[44] 彭红攀,杨策,卢尚,等.全固体皮秒径向偏振激光器及其加工特征[J].红外与激光工程,2019,48(1): 0106003.

[45] 华中科技大学激光加工国家工程研究中心. 高功率径向偏振光束产生的研究进展[EB/OL]. (2017 – 12 – 18) [2019 – 07 – 08]. http://laser. hust. edu. cn/info/1156/1900. htm.

[46] LI B,HU Y,ZHAO J. 1.5 kW radially polarized beam irradiated from a FAF CO_2 laser based on an intracavity triple-axicon retroreflector and quarter wave phase retarders [J]. Applied

Optics，2017，56(20)：3383 - 3385.

[47] 崔详霞,陈君,杨兆华. 径向偏振光研究的最新进展[J]. 激光杂志,2009，30(2)：7 - 10.

[48] CHANG C，CHEN X，PU J. High-energy nanosecond radially polarized beam output from Nd：YAG amplifiers [J]. Optical Review，2017，24(2)：188 - 192.

[49] 周哲海. 轴对称偏振光束的生成、特性及应用[D]. 北京：清华大学,2010.

[50] 林勇，胡家升. 激光光束的整形技术[J],激光技术，2008，29(6)：1 - 4.

[51] 朱林泉，程军，周汉昌. 激光能量空间均布技术研究[J]. 华北工学院学报，1998，19(2)：149 - 151.

[52] 孟晶晶，余锦，貊泽强,等. 光束积分激光空间整形技术[J]. 激光与光电子学进展,2019，56(13)：13002.

[53] DUNSKY C. Beam shaping applications in laser micromachining for the microelectronics industry [J]. Proceeding of SPIE,2001，4443：135.

[54] HOMBURG O，TOENNISSEN F，MITRA T,et al. Laser direct micro-machining with top-hat-converted single mode lasers[J]. Proceeding of SPIE，2008，6880：68800R.

[55] BOOTH H J. Recent applications of pulsed lasers in advanced materials processing[J]. Thin Solid Films，2004，453 - 454：450 - 457.

[56] FRUENDT J，JARCZYNSKI M，MITRA T. Beam shaping of line generators based on high power diode lasers to achieve high intensity and uniformity levels[J]. Proceeding of SPIE，2008，7062：70620S.

[57] MATSUOKA Y，KIZUKA Y，INOUE T. The characteristics of laser micro drilling using a bessel beam [J]. Applied Physics A，2006，84：423.

［58］ 史玉升,刘顺洪,曾大文,等. 激光制造技术［M］.北京:机械工业出版社,2012.

［59］ SANDSTRÖM T, FILLION T, LJUNGBLAD U, et al. Sigma7100: a new architecture for laser pattern generators for 130 nm and beyond ［J］. Proceeding of SPIE, 2001, 4409:270.

［60］ 陈怀新,隋展,陈祯培,等. 采用液晶空间光调制器进行激光光束的空间整形［J］.光学学报,2001, 21:1107 – 1111.

［61］ 袁哲俊,杨立军. 纳米加工技术及应用［M］.哈尔滨:哈尔滨工业大学出版社,2019.

［62］ 王振龙. 微细加工技术［M］. 北京:国防工业出版社,2005.

［63］ HE L. Micromachining for making optical computer using harmonic generations of solid-state lasers ［D］. Kasugai:Chubu University,1999.

［64］ 唐娟,廖健宏,蒙红云,等. 紫外激光器及其在激光加工中的应用［J］. 激光与光电子学进展, 2007, 44(8):52 – 26.

［65］ 李方舟.紫外固体激光在碳化硅晶体打孔的机理和工艺研究［D］. 哈尔滨:黑龙江科技大学, 2017.

［66］ SIMON P, IHLEMANN J. Ablation of submicron structures on metals and semiconductors by femtosecond UV – laser pulses［J］. Applied Surface Science, 1997, 109 – 110:25 – 29.

［67］ HE L. An investigation of three-dimensional construction methods in the micromachining of silicon surfaces with an ultraviolet laser［J］. Chinese Journal of Lasers, 1998, 7(5): 339 –444.

［68］ 马炳和,苑伟政,李铁军,等. 准分子激光直接刻蚀单晶硅研究［J］. 西北工业大学学报, 2000, 18(3): 491 –495.

［69］ FURUKAWA Y, SASAHARA H, KAKUTA A, et al. Principal factors affecting the sub-micrometer grooving mechanism of SiC thin layers by a 355 nm UV laser［J］. CIRP Annals, 2006, 55(1):573 – 576.

[70] GU E, HOWARD H, CONNEELY A, et al. Microfabrication in free-standing gallium nitride using UV laser micromachining [J]. Applied Surface Science, 2006, 252(13): 4897 – 4901.

[71] 朱冀梁, 张恒, 陈林森, 等. 多光束纳秒紫外激光制作硅表面微结构[J]. 光子学报, 2009, 38(10): 2463 – 2467.

[72] 杨雄. 单晶硅紫外激光微加工工艺研究[D]. 武汉: 华中科技大学, 2011.

[73] 楼祺洪, 章琳, 叶震寰, 等. 紫外激光切割 Si 片的试验研究[J]. 激光技术, 2002, 26(4): 250 – 251, 254.

[74] CHEN T, ROBERT B D. Parametric studies on pulsed near ultraviolet frequency tripled Nd: YAG laser micromachining of sapphire and silicon[J]. Journal of Materials Processing Technology, 2005, 169(2): 214 – 218.

[75] TOM C, EDWARD C R, COREY D. High-power UV laser machining of silicon wafers[J]. Proceedings of SPIE, 2003, 5063: 495 – 500.

[76] GU E, JEON C W, CHOI H W, et al. Micromachining and dicing of sapphire, gallium nitride and micro LED devices with UV copper vapour laser[J]. Thin Solid Films, 2004, 453 – 454: 462 – 466.

[77] BAIRD B W, HAINSEY R F, PENG X, et al. Advances in laser processing of microelectronics[J]. Proceedings of SPIE, 2007, 6451:64511K.

[78] IHLEMANN J, WOLFF B, SIMON P. Nanosecond and femtosecond excimer laser ablation of fused silica[J]. Applied Physics A, 1992, 54(4): 363 – 368.

[79] ZHANG J, SUGIOKA K, TAKAHASHI T, et al. Dual-beam ablation of fused silica by multiwavelength excitation process using KrF excimer and F2 lasers[J]. Applied Physics A, 2000, 71(1): 23 – 26.

［80］ SUGIOKA K, AKANE T, OBATA K, et al. Multiwavelength excitation processing using F2 and KrF excimer lasers for precision microfabrication of hard materials［J］. Applied Surface Science, 2002, 197 – 198: 814 – 821.

［81］ 王汕. 激光刻蚀抛光石英玻璃工艺研究［D］. 武汉: 华中科技大学, 2012.

［82］ 杨桂栓, 陈涛, 陈虹. 248 nm 准分子激光刻蚀的无裂损石英玻璃表面微通道［J］. 中国激光, 2017, 44 (9): 0902004.

［83］ 邵勇, 孙树峰, 廖慧鹏, 等. 激光诱导等离子体刻蚀 Pyrex7740 玻璃工艺研究［J］. 应用激光, 2017, 37(5): 704 – 708.

［84］ LIPPERT T, GERBER T, WOKAUN A. Single pulse nm – size grating formation in polymers using laser ablation with an irradiation wavelength of 355 nm［J］. Applied Physics Letters, 1999, 75(7):1018 – 1020.

［85］ CHEN C, MA K, LIN Y. Formation of silicon surface gratings with high-pulse-energy ultraviolet laser［J］. Journal of Applied Physics, 2000, 88(11):6162 – 6169.

［86］ DELMDAHL R, PÄTZEL R. Pulsed laser deposition – UV laser sources and applications［J］. Applied Physics A, 2008, 93(3): 611 – 615.

［87］ 赵泽宇, 侯德胜, 董小春, 等. 准分子激光刻蚀聚碳酸酯材料研究［J］. 光电工程, 2004, 31(2): 4 – 7.

［88］ AGUILAR C A, LU YI, MAO S, et al. Direct micro-patterning of biodegradable polymers using ultraviolet and femtosecond lasers［J］. Biomaterials, 2005, 26(36): 7642 – 7649.

［89］ MENONI C S, BRIZUELA F, BREWER C, et al. Nanoscale resolution microscopy and ablation with extreme ultraviolet lasers［C］//Proceedings of the 20th Annual Meeting of the IEEE Lasers and Electro – Optics Society, Lake Buena Vista,

FL, UAS, 2007: 488 –489.

[90] TIAW K S, HONG M H, TEOH S H. Precision laser micro-processing of polymers[J]. Journal of Alloys and Compounds, 2008, 449(1 –2): 228 –231.

[91] 王素焕, 刘建国, 吕铭, 等. 脉冲紫外激光改性对聚碳酸酯表面润湿性能的影响[J]. 光电工程, 2013, 40(7): 77 –82.

[92] PARK C, SHIN B S, KANG M S, et al. Experimental study on micro-porous patterning using UV pulse laser hybrid process with chemical foaming agent[J]. International Journal of Precision Engineering and Manufacturing, 2015, 16 (7): 1385 –1390.

[93] LEI W, DAVIGNON J. Solid state UV laser technology for e-lectronic packaging applications[J]. Proceedings of SPIE, 2005, 5629: 314 –326.

[94] 张菲, 段军, 曾晓雁, 等. 355 nm 紫外激光加工柔性线路板盲孔的研究[J]. 中国激光, 2009, 36(12): 3143 –3148.

[95] 张林华, 杨永强, 来克娴. 激光技术在大规模集成电路中的应用及展望[J]. 激光与光电子学进展, 2005, 42(6): 48 –55.

[96] 凌磊, 楼祺洪, 叶震寰, 等. 紫外激光刻蚀多层线路板初步研究[J]. 中国激光, 2003, 30(10): 953 –955.

[97] 冯波, 程正学, 陈华, 等. Q33 微流控芯片制作中的激光技术[J]. 激光杂志, 2006, 27(2):11 –13.

[98] CHENG J, YEN M, WEI C, et al. Crack-free direct-writing on glass using a low-power UV laser in the manufacture of a microfluidic chip[J]. Journal of Micromechanics and Micro-engineering , 2005, 15:1147 –1156.

[99] 李奇思, 梁庭, 雷程, 等. 355nm 全固态紫外激光直写刻蚀硼硅玻璃微通道[J]. 中国激光, 2018, 45(8):0802003.

[100] 吴旭峰, 凌一鸣. 激光烧蚀法制备准一维纳米材料[J].

激光技术, 2005, 29(6):575 - 578.

[101] OSTENDORF A, KIJLIK C, TEMME T, et al. The influence of physical characteristics on ablation effects in UV laser assisted micro engineering[J]. Proceeding of SPIE, 2004, 5662:638 - 643.

[102] 王英龙, 卢丽芳, 闫常瑜, 等. 具有窄光致发光谱的纳米 Si 晶薄膜的激光烧蚀制备[J]. 物理学报, 2005, 54 (12):5738 - 5741.

[103] YAN J, ASAMI T, KURIYAGAWA T. Response of machining-damaged single-crystalline silicon wafers to nanosecond pulsed laser irradiation [J]. Semiconductor Science and Technology, 2007, 22: 392 - 395.

[104] HEYL P, OLSCHEWSKI T, WIJNAENDTS R W. Manufacturing of 3D structures for micro-tools using laser ablation [J]. Microelectronic Engineering, 2001, 57 - 58: 775 - 780.

[105] RICCIARDI G, CANTELLO M. Micormachining with Excimer laser[J]. Annals of the CERP, 1998, 47(1):79 - 80.

[106] BOOTH H J. Recent applications of pulsed lasers in advanced materials processing[J]. Thin Solid Films, 2004, 453 - 454: 450 - 457.

[107] GERLACH K H. Design and performance of an excimer-laser based optical system for high precision microstructuring [J]. Optics & Laser Technology, 1997, 29:439 - 447.

[108] NADEEM H R, PAUL A. Developments in laser micromachining techniques[J]. Journal of Materials Processing Technology, 2002, 127:206 - 210.

[109] 潘开林, 陈子辰, 傅建中. 激光微细加工技术及其在 MEMS 微制造中的应用[J]. 制造技术与机床, 2002(3)5 - 7.

[110] GREUTERS J, RIZVI N. UV laser micromachining of silicon, indium phosphide and lithium niobate for telecommuni-

cations applications [J]. Proceeding of SPIE, 2003, 4876: 479 – 486.

[111] HE L, NAMBA Y. Spectroscopic analysis for machining of inorganic materials with the harmonics of a Nd:YAG laser [J]. Journal of Precision Engineering, 2000, 24(4):357 – 363.

[112] HE L, NAMBA Y, NARITA Y. Wavelength optimization for machining metals with the harmonic generations of a short pulsed Nd:YAG laser [J]. Journal of Precision Engineering, 2000, 24(3):245 – 250.

[113] 刘晋春, 白基成, 郭永丰. 特种加工[M]. 5 版. 北京:机械工业出版社, 2010.

[114] TUNNAL L, KEARNS A, O'NEILL W, et al. Micromachining of copper using Nd:YAG laser radiation at 1064, 532, and 355 nm wavelengths [J]. Optics & Laser Technology, 2001, 33:135 – 143.

[115] OKAMOTO Y, SAKAGAWA T, NAKAMURA H, et al. Micro-machining characteristics of ceramics by harmonics of Nd:YAG laser [J]. Journal of Advanced Mechanical Design, Systems, and Manufacturing, 2008, 2(4):661 – 667.

[116] 高卫东, 田光磊, 范正修, 等. 单晶硅材料的 1064nm Nd:YAG 脉冲激光损伤特性研究 [J]. 材料科学与工程学报, 2005, 23(3):317 – 320.

[117] 包凌东, 韩敬华, 段涛, 等. 纳秒紫外重复脉冲激光烧蚀单晶硅的热力学过程研究 [J]. 物理学报, 2012, 61(19):197901.

[118] 俞君, 曾智江, 朱三根, 等. 紫外激光在微细加工技术中的优势研究[J]. 红外, 2008, 29(6):9 – 13.

[119] 张菲, 曾晓雁, 李祥友, 等. 355 nm 和 1 064 nm 全固体激光器刻蚀印刷线路板 [J]. 中国激光, 2008, 35(10):1637 – 1643.

[120] 黄欢, 杨立军, 王懋露, 等. 紫外激光划切蓝宝石晶圆的

试验研究[J]. 电加工与模具,2009(5):35 - 38.

[121] 杨松涛,韩微微,张文斌,等. 355 nm 激光新型陶瓷加工研究[J]. 电子工业专用设备, 2011(2):8 - 11.

[122] 王磊. 紫外激光在半导体芯片切割中优势的研究[J]. 电子工业专用设备,2010(4):13 - 16.

[123] REINHART P. 激光制造工艺:基础、展望和创新实例[M]. 张冬云,译. 北京:清华大学出版社,2008.

[124] LIU J M. Simple technique for measurements of pulsed Gaussian-beam spot sizes [J]. Optics Letters, 1982(7): 196 - 198.

[125] 齐立涛. 真空条件下不同波长固体激光烧蚀单晶硅的试验研究[J]. 中国光学,2014, 7(3): 442 - 448.

[126] REN J, ORLOV S S, HESSELINK L. Rear surface spallation on single-crystal silicon in nanosecond laser micromachining [J]. Journal of Applied Physics, 2005, 97:104304.

[127] YOO J H, MAO X L, RUSSO R E,et al. Evidence for phase-explosion and generation of large particles during high power nanosecond laser ablation of silicon [J]. Applied Physics Letters, 2000, 76(6):783 - 785.

[128] YOO J H, MAO X L, RUSSO R E,et al. Explosive change in crater properties during high power nanosecond laser ablation of silicon [J]. Journal of Applied Physics,2000, 88 (3):1638 - 1649.

[129] SARRO P M. Silicon carbide as a new MEMS technology [J]. Sensors and Actuators A: Physical, 2000, 82(1 - 3): 210 - 218.

[130] 赵清亮,姜涛,董志伟,等. 飞秒激光加工 SiC 的烧蚀阈值及材料去除机理[J]. 机械工程学报,2010,46(21):172 - 177.

[131] 张冬至,胡国清,陈昌伟. MEMS 高温压力传感器研究与进展[J]. 仪表技术与传感器,2009(11):4 - 6.

[132] PECHOLT B,GUPTA S,MOLIAN P. Review of laser mi-

croscale processing of silicon carbide[J]. Journal of Laser Application, 2011, 23(1):012008.

[133] DESBIENS J P, MASSON P. ArF excimer laser micromachining of Pyrex, SiC and PZT for rapid prototyping of MEMS component[J]. Sensor Actuators A,2007, 136:554 – 563.

[134] OKAMOTO Y, SAKAGAWA T, UNO Y, et al. Micro-machining characteristics of ceramics by harmonics of Nd:YAG laser[J]. Journal of Advanced Mechanical Design, Systems, and Manufacturing, 2008, 2(4):661 – 667.

[135] KIM S, BANG B S, PEARTON S J, et al. SiC via holes by laser drilling[J]. Journal of Electronic Materials, 2004, 33: 477 – 480.

[136] DONG Y, MOLIAN P. Femtosecond pulsed laser ablation of 3C – SiC thin film on silicon[J]. Applied Physics A: Materials Science processing, 2003, 77:839 – 846.

[137] PECHOLT B, VENDAN M, MOLIAN P. Ultra laser micromachining of 3C – SiC thin films for MEMS device fabrication[J]. International Journal of Advanced Manufacturing Technology, 2007, 39:239 – 250.

[138] KIM S, BANG B S, PEARTON S J, et al. High-rate laser ablation for through-wafer via holes in SiC substrates and GaN/AlN/SiC Templates [J]. Journal of Semiconductor Technology Science, 2004, 4:217 – 221.

[139] ANDERSON T, REN F, KIM J, et al. Laser ablation of via holes in GaN and AlGaN/GaN high electron mobility transistor structures[J]. Journal of Vaccum Science Technology B, 2006, 24:2246 – 2249.

[140] ANDERSON T J, REN F, SCHIMPF M. Comparison of laser-wavelength operation for drilling of via holes in AlGaN/ GaN HEMTs on SiC substrates[J]. Journal of Electronic Ma-

terials, 2006, 35 :675 – 679.

[141] SONG K H, XU X. Explosive phase transformation in excimer laser ablation[J]. Applied Surface Science, 1998, 127 – 129 : 111 – 116.

[142] QI L, NISHII K, NAMBA Y, et al. Femtosecond laser ablation of sapphire on different crystallographic facet planes by single and multiple laser pulses irradiation[J]. Optics and Lasers in Engineering, 2010, 48 : 1000 – 1007.

[143] GAO Y, ZHOU Y, GOODMAN B, et al. Time-resolved experimental study of silicon carbide ablation by infrared nanosecond laser pulses[J]. Journal of Manufacturing Science and Engineering, 2011, 133(2) :021006.

[144] RIZVI N H. Femtosecond laser micromachining : Current status and applications[J]. Riken Review, 2003, 50 :107.

[145] 季凌飞, 闫胤洲, 鲍勇, 等. 陶瓷激光切割技术的研究现状与思考[J]. 中国激光, 2008, 35(11) :1686 – 1691.

[146] 凌磊, 楼祺洪, 叶震寰, 等. 紫外激光刻蚀氧化锆陶瓷初步研究[J]. 应用激光, 2002, 22(4) : 405 – 408.

[147] 闫胤洲, 季凌飞, 鲍勇, 等. 激光加工陶瓷微裂纹行为的理论分析及试验验证[J]. 中国激光, 2008, 35(9) :1401 – 1408.

[148] 齐立涛, 刘文海. 266 nm 紫外固体激光在碳化硅晶片上的微结构加工[J]. 黑龙江科技大学学报, 2017, 27 :176 – 180.

[149] 齐立涛, 刘亚升, 樊爱春, 等. 盖板辅助紫外固体激光打孔的试验研究[J]. 黑龙江科技大学学报, 2020, 30 :697 – 701.

[150] QI L, LI M, LIU C, et al. Mid-ultraviolet pulsed laser micromachining of SiC[C]. Proceeding of SPIE, 2014, 9233 : 9266V – 1 – 6.

[151] QI L, LIU C, LI M, et al. Mid-ultraviolet pulsed solid-state laser micromachining of SiC single crystal wafer[C]. Kyoto : Proceedings of the 8th International Conference on Leading

Edge Manufacturing in 21st Century （LEM21）, 2015. 10.18.

[152] 齐立涛. 紫外固体激光在 SiC 晶片上加工微细结构的试验研究[C]. 北京:第五届激光先进制造技术应用研讨会（FALM2017）,2017.

[153] QI L. Fabrication of micro holes in single crystal SiC wafers using mid – UV solid – state laser and acid etching[C]. Shanghai:Proceedings of Symposium of 2017 pacific rim laser damage（PLD 2017）,2017.

[154] 齐立涛. 激光加工[C]. 长春:中国科协第 346 次青年科学家论坛(特邀报告),2018.

[155] QI L, FAN A, LIU Y. Fabrication of micro holes in SiC using 266nm nanosecond YAG pulsed laser irradiation and acid etching[C]. Beijing:Photonics Asia, 2018.

[156] QI L, FAN A, LIU Y. Fabrication of micro – holes on metal by nanosecond UV YAG laser irradiation using a cover plate[C]. Beijing:Photonics Asia, 2018.